讲故事

说服他人和营销自己的核心技能

孙 桐◎著

民主与建设出版社
·北京·

图书在版编目（CIP）数据

讲故事：说服他人和营销自己的核心技能 / 孙桐著
. -- 北京：民主与建设出版社, 2018.4
ISBN 978-7-5139-2118-3

Ⅰ. ①讲… Ⅱ. ①孙… Ⅲ. ①成功心理－通俗读物
Ⅳ. ①B848.4-49

中国版本图书馆CIP数据核字(2018)第074784号

讲故事：说服他人和营销自己的核心技能
JIANGGUSHI SHUFUTARENHEYINGXIAOZIJIDEHEXINJINENG

出 版 人	李声笑
著　　者	孙　桐
责任编辑	刘树民
封面设计	仙境书品
出版发行	民主与建设出版社有限责任公司
电　　话	（010）59417747 59419778
社　　址	北京市海淀区西三环中路 10 号望海楼 E 座 7 层
邮　　编	100142
印　　刷	三河市金元印装有限公司
版　　次	2018 年 6 月第 1 版
印　　次	2023 年 8 月第 2 次印刷
开　　本	787 mm × 1092 mm　1/16
印　　张	19
字　　数	250 千字
书　　号	ISBN 978-7-5139-2118-3
定　　价	45.00元

目　录

第六章 故事有灵魂，别人才不会拒绝

第七章 不会讲故事，你还怎么带团队

第八章 所谓会营销，就是讲故事

第九章　从细节入手，讲出不一样的故事

第十章　学会这些，故事大师就是你

序

讲道理不如讲故事，好故事胜过好营销

美国著名未来学家、趋势专家丹尼尔曾说：“讲故事将会成为 21 世纪最应具备的基本技能之一。”

讲道理不如讲故事，好故事胜过好营销！因为讲道理是给结果，有强迫性。讲故事是给思路，用思路来引导对方得出自己的结论。每个人都喜欢听故事，每个人也都有自己独一无二的故事，这是人的本性。故事能让我们更好地理解生活，更好地认识自己。通过故事，我们可以和他人分享自己内心的各种想法，让他人更好地了解我们是谁，我们真正的立场是什么，从而达到说服他人的目的。

罗振宇也曾说：“不管是日常社交还是职场，做营销还是做管理，只要你想影响其他人，那讲故事的能力就是你不能缺的核心能力，而很多人偏偏缺的就是这个。”故事可以起到巨大的作用，但是讲故事也是需要一定的技巧的。管理者们通常靠自身的叙述能力，讲述一个个充满希望的故事，从而激发起员工的工作积极性，让他们更好地投入到工作中去。故事可以是一句话、一个典故、个人经历或者是一个无声的表演，这样的方式能够很快被他人所接纳。我们要尽可能地让自己的故事具有

吸引力，更好地打动他人，让他们置身于故事当中，产生共鸣。

故事是情感沟通的桥梁，它能让你跨越一切障碍，快速地在听众之间建立情感上的联系。无论你的听众是高高在上的领导者，还是在平凡岗位上的普通人。《爱拼才会赢》一书中这样写道：数据、幻灯片或堆满数据的表格，并不能激发人们采取行动。打动人的是情感，而要使人们对你设置的议程产生情感联系，最好的方式便是以“很久以前”开头。

故事能够触碰到听众的内心深处，能够更好地激发他们的感官世界，从而引起他们的行动。人类的生物结构决定了，当人们在听故事的时候，会失去理智、放下戒备，让自己进入到讲述者的世界当中。故事能够营造轻松的氛围，让听众在愉快的氛围当中主动地接收更多的信息，享受故事带来的乐趣。而这些，靠单纯的“信息”是无法做到的。

故事对于企业的作用是非常大的：它能够帮你激励员工，打造企业文化，同时也能够让你的品牌或者产品引起消费者的注意，赢得他们的信赖，最终成为企业忠实的拥护者。故事是当今企业发展的必备因素，也是促进其发展的强大力量。故事不再是单纯的哄宝宝睡觉的工具，而是许多企业走向成功的垫脚石。企业通过故事，创造传奇，走向巅峰。

因为有了故事，石头记从一家濒临倒闭的“小作坊”成为纪念品领域的佼佼者；因为有了故事，高价的依云水成为高端人士必不可少的饮品；因为有了故事，肯德基让一个落魄的将军重新走向人生的巅峰；因为有了故事，坚硬无比的钻石成为爱情的象征。每个成功品牌的背后，都会有一个或者无数感人的故事。例如，苹果公司的品牌故事，是乔布斯创造的伟大传奇。小时候的乔布斯个性独特，创业后的乔布斯独断专行、脾气古怪，他对于产品有着严苛的要求。这些故事被人们口口传颂，而苹果产品也随着这些故事渐渐被人们所熟知，受到了人们的追捧。故事总是散发出巨大的魅力，深深地吸引着消费者。这些故事或浪漫，或传奇，或神秘，让消费者感动，让消费者赞叹，让消费者展开无尽的想象。

每个成功的人都是讲故事的高手，他们通过讲故事让自己获得成功、获得财富、获得社会的认可。每个成功的企业家同样也是讲故事的高手，他们用自己的人生经历作为品牌故事，赋予品牌强烈的个人色彩。在信息爆炸的时代，一定要有一个好故事，这样才会成为万众瞩目的对象，才能获得人们的关注。故事能够让品牌在产品同质化严重的时代，吸引更多的眼球，避免自己的产品被湮灭。

读完这本书，读者就会发现，拥有故事思维其实是一件很简单的事情。当你被一句话、一件事情感动，并且心甘情愿为之买单的时候，其实这就是故事所起的作用。当你用一个故事去说服别人的时候，你就会发现其实你已经进入到了故事的世界当中，并且开始具备了故事思维。

所以，无论你是学生、老师、医生、老板还是演说家，若能尝试着拥有故事思维，你就会发现生活的乐趣，你就能够很轻松地找到解决问题的办法。这就是本书想要带给读者的，希望读者们都能够从本书中获得自己想要的东西。

第一章

一个故事就能打动所有人

人人都喜欢听故事

从小到大，我们都是喜欢听故事的。小时候我们经常会在父母的故事当中进入梦乡，在梦里继续演绎着传奇的故事。随着年龄的增长，我们接触到越来越多的故事，它教会我们做人，教会我们生存，让我们懂得了很多的大道理，可以说故事是伴随人的一生的。

在《人类简史》当中有这样一个观点：智人在演化中偶然获得的讲故事的能力，是他们称霸世界的关键只能描述事实的语言能力是有限的，至多只能将部落维持在 150 人的规模，然而故事（包括传说、神话、宗教）可以将更多的人集合在同一背景下，继而完成规模更大的活动。

故事可以说是人们喜闻乐见的一种传播形式，它的受众非常广泛，无论是什么年龄、什么职业，也无论是什么地位的人，对于故事的喜爱程度可以说都是非常大的。就算是大字不识的人，故事同样对他们有着巨大的吸引力。正是因为故事有着广泛的受众基础，它才能够广泛地被人们所应用，一个小小的故事往往能够化解一个巨大的危机。

曾经有这样一个故事：有一个求职者，去一家很大的公司面试，这家公司是以严肃著称的。这位求职者在面试前也准备了大量的面试语言。

但是当真正面对面试官的时候，他将准备好的东西全部抛到了九霄云外，脑子里一片空白。正在这个危急的时刻，他深吸一口气，对面试官们说："我来给大家讲个故事吧。"

于是他就给大家讲了一个故事：

我上小学的时候，每次放长假，老师都会布置很多的作业。这让同学们对期待已久的假期充满了恐惧。如果能够在平时就将作业完成，那假期岂不就有了更多玩耍的时间？经过很长时间的观察，学生终于发现了老师在平时布置作业时的一个规律，那就是课后的生字抄写三遍。

在发现这个规律之后，同学们可以说是如获至宝。在放假的前几天，同学们都起早贪黑地赶工，为的就是能够在假期前完成作业，从而获得更多玩耍的时间。当同学们都要完成作业的时候，期待中的假期也来临了。这个老师走上讲台，开始布置作业："将课后的生字从后面往前抄写三遍。"当老师布置完作业之后，同学们的脸上都露出了非常失望的表情，因为全班同学都是从前往后抄的，这样之前的作业也就白做了，在假期当中我们还是得一如既往地写作业。从那之后，我就明白了一个道理，善于总结经验是非常好的一件事情，但是无论之前的经验多么美好，在面对新鲜事物的时候依旧可以全部归零，通过投机取巧获得一时的便捷，是不可能成为常胜的利器的。

当他讲完这个故事之后，看到面试官脸上都露出了赞许的表情，于是在之后的面试当中，都是在轻松的氛围中进行的。面试过了几天之后，他接到了被录用的通知。

由此我们可以看出，故事对于人的感染力是非常大的。在以严肃著称的面试当中，这位求职者通过一个简单的小故事不仅化解了紧张的气氛，同时也将自己的意图清晰地表现出来，获得了面试官的认可，从而顺利地获得了工作。

通常情况下，大道理都是枯燥乏味的，很难吸引人。在面对理论知识讲解的时候，人们也总是昏昏欲睡。但是当一个妙趣横生的故事出现的时候，人们立刻就会从昏睡当中苏醒过来，提起精神去听你的故事。这样你想要表达的意图就能够被聆听者清晰地接受，那么你所阐述的观点也能够很好地被人所理解。

亚里士多德说过："我们无法通过智力去影响别人，而情感却能做到这一点。"逻辑和理论在解决问题的时候占据着重要的作用，但是我们想要去影响别人，让他们认同我们的时候，单靠逻辑是永远不够的。而故事往往就是影响别人最好的"工具"。

人们总是会本能地想找出事物之间的因果关系，为人生找出某种意义。所以，人们在故事当中总是会期待它最终的结果会是一个画龙点睛般的气势。一个情节与内在逻辑严丝合缝，并给出明确意义的故事往往能够给人精神上无限的收获。麦基曾经说过："我们对故事的嗜好反映了人类对捕捉人生模式的深层需求。"故事可以说是人们心灵上的一种寄托。

一个具有深意的故事往往能够引起很多人的共鸣，能够感染很多人。企业的活动都是由人完成的，企业应该利用好故事对于人的作用，让它在企业的各项活动中都能够发挥出巨大的作用，不管是在企业的品牌建设还是公共关系维护上，不管对内沟通还是对外交流上。

如今的社会，可以说是信息爆炸的社会，人们获得信息的途径是非常广泛的，每天的信息都是铺天盖地而来，所以说难免会让人对信息产生一定的免疫力。对于一个企业来说，一个品牌从最初的确立到最终被市场所接纳，这期间是需要很多波折的，需要面临着激烈的市场竞争以及在营销和市场当中的同化，同时还需要大量的广告宣传。一个企业的品牌要想在信息时代脱颖而出是非常困难的，但如果这个时候企业能够赋予品牌一个生动完美的故事，这样就会事半功倍，成功吸引人们的注意。

企业赋予品牌故事的作用，就好比一个人去参加一个高端的宴会，如果想在众多优秀的人当中引起别人的注意，想迅速成为宴会的焦点，那么在这个时候一个生动并且适合这种场景的故事是必不可少的。故事是一种最快捷的沟通方式，它也是一个成功人士所必备的素养。如果在一个演讲当中，你能够恰到好处地运用到故事，那么除了能够成功地引起人们的共鸣之外，你还能得到众多聆听者的赞扬，他们会被你强大的内涵所折服。

我们看到凡是那些成功的企业家总是能够将自己的宝贵经验通过故事的形式呈现出来,将自己所遭遇到的各种困难用故事的形式传承下去，并且提出自己的解决办法。这样的形式不仅能够感动自己的员工，激励他们更好地去工作；与此同时，还能够感动你的客户，你的品牌也就成功地吸引了他们。所以，要想成为一个优秀的成功的企业家，你就要懂得卖故事。我们看到那些成功的企业家，像任正非、马云、乔布斯等，他们都是这样的企业家。他们通过自己的亲身经历，描绘了一个个生动的故事，给自己的品牌塑造了一层励志的色彩，也许他们出售的不仅仅是一件商品，而是一个个无限强大的励志故事。有时候一个简短的小故事所达到的效果比千言万语的豪言壮语要大得多。

好故事令你收获信任

虽然故事能够起到说服人的作用,但前提是这个故事必须是可信的,无论这个故事是真实的还是虚构的。即使故事的情节是虚构的，但是它所要传达的东西必须是真实的，这样才会让听众获得心灵上的真实感，从而引起听众的共鸣，产生这种共鸣的基础则是信任。如加拿大多伦多约克大学心理学助理教授蒙德·马尔所说的那样：“每个人都拥有一个搜索心理真实感的探测器，因而我们才能够分辨出那些听起来不真实的事情。”

但凡优秀的故事，它们都能够牢牢地抓住听众的情感，让人们随着故事或喜或悲。就像家庭主妇看韩剧一样，看到动人的情节总是会哭得一塌糊涂，因为她们已经深深地被故事情节所打动，她们的感情已经完全不受控制了，即使她们会面对丈夫的“嘲讽”，但是她们仍然会不为所动。

这样的状况，在心理学上被称为叙事转移。只有足够“真实”的故事才会产生这种效果，因为只有足够“真实”才能激发足够的信任。

世界著名的航海家麦哲伦完成了环球一周的壮举，证明了地球是圆的这一理论，改变了人们一直以来都认为“天圆地方”的观念。他取得成功的背后，和西班牙国王查理五世的支持是分不开的。一直以来，“天圆地方”的观念都是深深地印在人们的脑海当中的，那么麦哲伦是怎样说服一位国王去支持自己的这一行动的呢？

麦哲伦认为，无论自己提供多少事实，讲述多少故事，国王都是不会信任自己的。但是，如果让自己的观点通过一位专业人士来进行转达，那么局面就应该会有所扭转。于是他就想到了当时著名的地理学家帕雷伊洛。

在那个时候，由于哥伦布航海成功，航海事业风靡一时。但这也给骗子提供了机会，他们打着航海的旗号骗取皇室的信任和金钱，所以国王对于那些所谓的航海家便产生了怀疑的态度。但是，帕雷伊洛却是当时著名的地理学家，他的观点具有很大权威。国王不但尊重他，而且非常信任他。

帕雷伊洛向国王分析了麦哲伦航海的必要性以及它的好处，国王相信他所说的话，为麦哲伦的航海活动提供了物质上的赞助。正是由于这位权威地理学家的帮助，麦哲伦才获得了国王的信任，于是有了这一伟大的发现。

事实上，在麦哲伦结束环球之旅之后，他对于世界地理的某些观点是不全面甚至是错误的，他所得出的某些计算结果和事实是有所偏差的。但是，这一切都是无关紧要的。因为国王对他有足够的信任，也就相信了他的观点，认为他的观点都是正确的。在理论上，这样的盲目崇拜是不值得提倡的。但正是由于这样的阴错阳差促成麦哲伦伟大的成就，开启了人类对于世界新的认知的大门。

对于现在的人们而言，同样也会遇到这样的困难。就拿基层员工来说，也许他认定的项目存在着很大的商机，但是因为资历和阅历不够，却不能很好地去说服他的领导。那么这个时候就可以采用麦哲伦的方法，讲述一个足够真实的故事。

其实，麦哲伦只不过是在故事当中注入了一个鲜活的人物，让这个人物代替自己去讲述，那么整个说服过程就会变得更加顺畅。

在美国众多的总统当中，林肯是唯一出身于贫民阶层的，他为反对农奴制度奋斗了一生，深受美国人民的敬仰，但是这位总统的竞选历程却十分艰辛。

由于林肯出生在一个鞋匠家庭，他的身上没有任何贵族血统。但是当时的美国社会又非常看重出身。因此，林肯在竞选总统的时候，受到了众人的嘲讽。一位议员甚至为了让他退出竞选，故意羞辱他："林肯先生，在你开始演讲之前，我希望你记住，你是一个鞋匠的儿子。"

在他人的羞辱面前，林肯并没有愤怒，而是采用了谦和的态度解释道："我非常感谢你让我想起了我的父亲，他已经去世了。但我一定会记住你的忠告，我知道我做总统无法做得像我父亲做鞋匠那么好。不过据我所知，我父亲以前也为你的家人做过鞋子，如果你的鞋子不合适，我可以帮你改正。虽然我不是鞋匠，但我向父亲学习了做鞋子的技术。"

接着，林肯又对所有的议员说："对参议院的任何人都一样，如果你们穿的那双鞋是我父亲做的，而它们需要修理或是改善，我一定会尽我所能地帮忙。但是，因为我的手艺有限，是不会比我的父亲修得更好的。他的手艺是无人能及的。"说到这里的时候，林肯流下了眼泪。而台下的观众也被林肯的真诚所打动，将所有的嘲笑都变为热烈的掌声。

要想让故事获得听众的认可，就要让你的故事充满真诚，能够让你的故事直击听众的内心。这样他们才能静下心来去倾听你的故事。在如今的社会当中，越来越多的人喜欢假装倾听，这是因为大量的信息使我们的神经已经麻木了，而我们又无法逃避这些信息，久而久之，我们就会习惯假装倾听。只有那些扣人心弦的讲述，才能让人卸下伪装，慢慢地建立起对故事的信任。

事实上，在讲述的过程中，这种信任是相互的。在你讲述的过程当中，如果有人在认真地倾听你的讲话，就会降低对你的心理防线，你也会对倾听者敞开心扉，讲述更多关于你的事情，你对于某些事情的看法以及内心的痛苦，等等。你对对方倾诉得越多，也就越能够让对方感受到你的真诚，你们就会有一种似曾相识的感觉，对方对你的信任也会慢慢增加，你们之间就会建立起更加牢固的信任。

好故事隐藏着巨大的力量

我们每个人几乎都是在故事中成长起来的，我们的生活中也总是有故事陪伴，没有人是不喜欢故事的。故事可以让我们在快乐中获得无穷的知识和无尽的智慧，我们可以从中获得很多的人生启迪。好的故事能够让我们体会到芸芸众生的各种生活和精彩的大千世界。但是要想达到这种效果，还是需要故事的讲述者适当地引发听众的想象力，这样才能够让故事得到进一步的强化，才能够让故事更加立体地呈现在听众的心中，才能让听众更好地融入其中。因此，一个好的故事要能够给听众提供一个充满想象的空间，这样才会让看似枯燥无味的故事变得活灵活现。

《帕雷的故事》是一部流行了七十余年的经典绘本。它讲述了一个充满想象力的男孩子在睡梦中孤独游历世界的故事。绘本的作者是丹麦著名的儿童图画书作家延斯·西格斯德。绘本自 1942 年 10 月 10 日首度出版以来，已经被翻译成了 35 种语言，成为全世界妈妈和孩子共同喜爱的绘本之一。

我可以像国王一样走来走去……当你独自一个人时，你可以做任何你想做的事情……在那一刻我好像拥有了世界上最好的东西独处。我以为我一个人很好，无忧无虑，现在我才发现我一个人其实很寂寞。我不想再独处了。我想念我的好朋友了……我想要爸爸妈妈……

这是《帕雷的故事》在孩子独处时的心灵独白，这个独白虽然是出自一个孩子之口，却能够让人们联想到生活中的每一个人。在这个世界上，没有人是绝对自由的，所谓的自由也是建立在亲情、友情以及爱情的各种社会关系之上的。通过孩子的心灵独白让人们获得了对自由的美好想象和心灵上的成长。

所以，这个绘本既受到妈妈的欢迎，也受到孩子们的欢迎，它可以激发孩子们对于未知世界的无限想象，也可以让大人们从中获得人生感悟，从童趣当中体会到“大人生”。

好故事可以通过无尽的想象力，映射出某种现实的生活，虽然不做过多的评价，却能够让听众自主地产生或褒或贬的态度。

在我们的生活中，无论我们是什么样的身份，或者从事着怎样的工作，都会遇到要说服他人的情况。但是在这样一个崇尚个性的时代，人们都是非常有主见的，在这样的情况下，要想让他人接受你的观点并且按照你的意愿去做就更加困难，如果方法不对就会激发矛盾的产生。但是，只要你找对合适的方法，能够了解到对方的所需所求，“顺着”对方，和对方的潜意识进行沟通，那么你就会轻易地说服对方，这就叫作“先跟后带”。这样我们才能够成为一个说服别人的高手。

世界著名的催眠大师米尔顿·艾瑞克森就是这样一位高手。

有一次，一个有被迫害妄想症的人需要艾瑞克森的治疗。当艾瑞克森进入病房的时候，发现病人正在窗户上钉钉子，经过了解之后，才得知他是为了防止敌人进攻才这么做的。于是艾瑞克森就和他一起钉钉子，而且钉得比他还要认真。在钉子钉好之后，艾瑞克森还建议他把地板中的缝也缝起来，这样就会彻底封锁住敌人的进攻。接着，他又建议病人和医生护士一起进行医院的防范工作，进而不断扩大他的安全范围。这样的建议被患者一一接纳了。随着这个“工作”的不断进展，他的防备范围不断地扩大，也就意味着他的活动范围不断地扩大，而他也逐渐地从被隔绝的世界中走出来，和越来越多的人有了接触。

这就是艾瑞克森的治疗风格，他从来不会和病人的症状去对抗，或者是攻击病人的逻辑。

对于很多病人来说，他们都将自己所存在的“问题”视为仇人，试图去消灭它。但是艾瑞克森却不会这样去做，他会建议病人们去接纳这些“问题”，同时用一种优雅的方式去解决这个问题。就比如一个有烟瘾的人想要戒烟，就会把手中的香烟视为敌人，艾瑞克森会在催眠当中让他很慢地去重复吸烟的动作，虽然他的手里没有烟，但是仍然要非常优雅地做着吸烟的动作。

著名的导演文斯·吉里根对此形容说：“这就像是中国书法的寓意，你要很有力地去表达，力透纸背，但同时又不会去破坏纸张。这也像是弹琴，你可以猛敲键盘，但是当你优雅地去敲击的时候，出来的就会是一首美妙的曲子，而不是噪音了。”

其实，这种说服他人的方法也融入了艾瑞克森的生活当中。

在艾瑞克森小的时候，他家有一个农场。农场当中的马经常会跑到外面，由于马的力气很大，经常需要几个人一起花费很大的力气才能将它拉回来。但是幼小的艾瑞克森却能够一个人轻松地把马拉回农场。原来艾瑞克森发现，当人们在拉马的时候，其实它的“逆反”心理是非常严重的，如果你使劲地拉它往西走，那么它就会往东走；如果你朝着它的方向将它往东拉，那么它自然而然地就会往西走。于是，艾瑞克森就朝着马厩的反方向去拉马，马就努力地向马厩的方向跑去，那么自然需要很小的力气就能轻松地让它们回到马厩了。

对于很多治疗师来说，他们治疗病人也许就会像案例中的马一样朝着马厩的方向走，但是艾瑞克森却不会这样，他不但会跟着马一起走，还会在它们想要走的方向努力地“推上一把”。

其实，无论是优雅的舞蹈，还是对于“马”的信心的诱导，这些都是外在的形式，艾瑞克森真正的治疗核心其实是和病人们进行潜意识的交流，让他们在潜意识中对自己产生足够的信任感，这样就会让他接下来的说服更加顺利。

这个故事很好地说明了“先跟后带”所存在的巨大力量，我们从这个故事中也能深刻地感受到这种力量。

讲故事就像人们追求音乐一样，是没有任何界限的，无论是什么样的国家,什么样的民族,或者是什么样的语言,都可以通过故事达到互通。

想做大事，先讲好小故事

有这样一个实验：实验者拿出一个看似普通的玻璃瓶，让被实验的人通过 1（一点也不喜欢）到 5（非常喜欢）这五个等级来评定对于这个玻璃瓶的喜欢程度。其中有一些人没有被告知关于这个瓶子的故事，而另外一些人则被告知了关于这个瓶子的故事：这个瓶子是在庞贝遗址中发现的。庞贝城曾经是意大利的一座古城，于公元 79 年在火山爆发当中被毁灭。在这样的情况下，那些听了故事的人都把对于瓶子的喜爱程度定在了 4 级或者 5 级；而那些不知道这个瓶子故事的人都纷纷将自己的结果定在了 1~2 级，他们认为这就是一个普通的玻璃瓶，并没有什么特别之处，是不值得人们去关注的。看来，当一个瓶子有了一个好的故事之后，它就变得很容易被人们所喜爱，也就变得被人们所关注。所以说，讲好一个故事，一件小小的产品就能成为焦点，成功吸引人们的注意。

在浙江富阳龙门镇，有一个知名的创业女人孙法娣，她被当地人称为“孙二娘”。由于她的坚持和努力，一个荒山变成了一座年盈利高达 200 多万元的财富之山。

1996 年，47 岁的孙法娣提前退休。退休之后的她以每年 5000 多元的租金承包了一座叫“鸡昂头”的荒山，租金非常便宜。之所以租金便宜，是因为这座山密密麻麻地布满了 400 多个坟头，可以说这里除了清明节是没有人上山的。

孙法娣在承包荒山之后，并没有什么大动作，只是给枇杷树剪剪树枝，养养鸡，用卖鸡的钱修房铺路。这样一晃五年的时间就过去了，荒山并没有给孙法娣带来实际性的效益。但是孙法娣并没有放弃，仍然坚守着荒山。究竟是什么支撑着孙法娣呢？

其实，龙门镇是一座有着一千多年历史的古镇，在这里，徽派老建筑随处可见，风景也十分优美。除此之外，这里作为当地著名的球拍之乡，树木被砍伐得非常严重，山林植被非常稀缺，这里的山几乎都是荒山。但是唯有孙法娣承包的这座坟山绿荫蔽日，可以说是这里独一无二的绿化环绕的地方，这也让孙法娣看到了商机，她坚信有树的地方肯定能成为稀缺的资源，同时也能够创造财富。

终于功夫不负苦心人，在 2001 年的时候，国家旅游局认定龙门镇为孙权故里。之后富阳市旅游局就决定开发龙门镇作为景区，而孙法娣承包的荒山就在景区的划分范围之内，可以说这为孙法娣带来了巨大的商机。

但是又有谁愿意来这座坟山游玩呢？想要吸引游客，就要把这里的坟全部移走，于是她就发动村民们迁坟。但是，对于村民来说，迁坟对祖先们是非常不敬的一件事情，这一提议遭到了村民们的断然拒绝。但是发生在她身上的一出“鬼故事”却帮助了她。有一天半夜，孙法娣突然双脚踏空，掉进了一个坟洞的棺材里，她被吓得拼命大喊：“祖宗呀，我来开山，是要把这里建好，不是要你们搬走的，我会安定好你们的。”镇里的干部在得知这件事情之后，为了支持她的项目，开始动员村里的干部进行迁坟，并且统一安排了公墓。

在坟墓迁移工作完成之后，孙法娣就开始大展拳脚。她结合当地的特色，将自己的果园建设成了一个天然的果园，建立了“龙门客栈”，推出了“武松虎酒”“降龙十八掌”“仁肉包子”等独具特色的菜名。就连她经历的“鬼故事”也成为吸引游客的一个亮点，人们纷纷慕名前来见识行侠仗义、大胆果断的“孙二娘”。当人们效仿她的商业模式之后，她又打出了另一个招牌孙法娣，作为孙权的第 54 代嫡亲，她又成功地吸引了游客们的注意力。凭借着一系列的推销活动，孙法娣获得了巨大的利润，客栈的年纯利润可以达到百万元以上。

孙法娣可以说是将故事运用得非常好的一个人，她结合自己的称呼以及当地的特色推出的“龙门客栈”“仁肉包子”等都成为她独具特色的卖点，利用她孙权嫡亲的身份、亲身经历的“鬼故事”以及孙权故里这一系列噱头，让名不见经传的龙门镇中的一座荒山被人们所熟知，成为一座能够产生巨大效益的金山。

故事讲得好就可以让一件微不足道的小事变成一件人尽皆知的大事，这个时候你不想出名都是非常难的了。这是每个成功的企业家都应该懂得的商业法则，孙法娣就成功运用了这一法则为自己带来了巨大的利润，而“石头记”却运用这一法则让自己成了饰品当中的佼佼者。

《红楼梦》可谓人尽皆知的一个故事，它的原名为《石头记》，描写了一段世俗缠绵、儿女情长的故事。女娲炼石补天之时，所炼之石剩一块未用，便弃在青埂峰下。此石已通灵性，大小随心，来去任意，因为被选中补天常悲伤自怨。和尚茫茫大士、道士渺渺真人见其可爱，便将它携至“昌明隆盛之邦，诗礼簪缨之族，花柳繁华地，富贵温柔乡走了一道”。“石头记”的成功和这个家喻户晓的故事有着分不开的关系。

苏木卿的家里经营着一家玉石作坊，当年 27 岁的苏木卿在退伍之后就回到了家里帮忙打理生意。狭小的工作空间和落后的制作水平，激起了苏木卿变革的意识。他意识到如果不改变现状，就会面临被淘汰的命运，于是他就进行了一系列的改革措施。在这样的压力之下，他想到了策略联盟。策略联盟就是将许多小作坊联合起来，统一进料、统一生产，然后进行统一销售，这样就大大地提高了企业的竞争力。这看起来就像是在玩一场“无中生有”的魔术游戏，但是在兄长们将信将疑的目光当中，苏木卿实现了人生的第一次“策略联盟”。还是原来的人、原来的机器，它们在苏木卿创办的“圆艺珠宝企业有限公司”的旗号下获得了新生。仅仅经历了三年的时间，圆艺企业就在同行们诧异的目光中，发展成了台湾玉石界中的“龙头老大”。

但是，正当圆艺企业快速发展阶段，却遭遇了20世纪80年代台湾泡沫经济最严重的时候。在通货膨胀、物价上涨、技术工人稀缺的压力下，苏木卿意识到了扩大市场的必要性。而这个时候大陆正在如火如荼地进行改革开放，这让苏木卿发现了巨大的商机，于是他开始进军大陆市场。

为了能够成功打开大陆市场，苏木卿经过一番考究之后，为自己的产品起了一个响亮且饱含深意的名字“石头记”，用故事开启了他在大陆续写传奇的计划，开始用故事来推广自己的品牌。可以说“石头记”把《红楼梦》当中浓浓的浪漫思想深深地融入自己的饰品文化当中，将传统和现代相结合，形成了故事和玉石交相辉映的独特经营模式。它那句“世上仅此一件，今生与你结缘”的广告语，透露着浪漫唯美的气息，体现出了“石头记”所代表的含义，同时也展现出了它设计独特，不拘一格的产品特点。同时，它还不断推出自己的系列产品，它们有“清秀佳人”“富贵人生”等，每一款产品的背后都有一个鲜明的故事，它们的推出让这些普普通通的石头包罗了世间所有的故事，让人意犹未尽。

而在它推出的一款寓意为“你中有我、我中有你”的通信系列产品之后，在情人节前后二十多天的时间里营业额就超过了一千万元。看到了巨大的效益之后，苏木卿又一举推出了“比翼双飞”“星月相随”“两情相悦”“同心缘”等系列产品。可以说，每一款产品都拥有着丰富的内涵，这一系列产品也让越来越多的人知道了“石头记”，同时也将它和浪漫时尚以及爱情联系起来。“石头记”也变得越来越出名。

这就是“石头记”成功的秘密。如果一件小事成为众人心中瞩目的焦点的时候，那么它就不会再是一件小事，而是成为一件尽人皆知的大事了。由此，我们也可以得出一个结论：会讲故事可以说是通向成功的一条捷径。

每个成功者都会讲故事

每一个成功的人往往都是讲故事的高手，他们用故事将听众留住，捕获听众的心；他们用故事抓住听众的兴趣点，使听众情不自禁地希望得到更多。当一个成功的人在讲述自己所经历的真实的故事时，通常都会让听众置身故事当中，身临其境地将自己作为故事的主角，从而获得精神上的满足与感动。成功的人用故事传递一种能量，从而获得自己想要得到的。

易中天，我们大家应该都很熟悉，当年他凭借在《百家讲坛》上对历史故事慷慨激昂的讲解可谓红极一时，受到了人们热烈的追捧。作为厦门大学的一位老师，本是一个平凡的人，但是因为他擅长讲故事，成为许多企业精英争相会见的对象。因为他的故事讲得好，吸引了几乎全世界的华人，人们都翘首以盼地等着听他的三国故事，他也因此成了一个大忙人。由于他的故事讲得好，他不仅从一个平凡的老师成为一个人尽皆知的历史学者，还成为商家电视节目的宠儿，获得了无数的鲜花和掌声。

易中天的成功是因为故事讲得好，他凭借故事让自己变得不普通，不仅让自己赚得盆满钵满，同时也跻身成功人士的行列。他的成功源于他是一个讲故事的高手。

对于那些成功的企业家来说，他们同样是讲故事的高手。他们对不同的利益相关体讲故事，从而获得不同的效果。他们对合伙人讲故事，就可以让他们心甘情愿地将手里的钱拿出来；他们对员工讲故事，就可以让员工们死心塌地地工作；他们对客户讲故事，就能够让消费者铁了心要买自己的东西；他们对银行讲故事， 就能够获得大量支持项目的运作资金；他们对媒体讲故事，就会成为媒体眼中的焦点；他们对利益相关的人讲故事，就能够让自己的企业品牌直戳用户心底，长存于他们的心中；他们对世界讲故事，就能够让品牌声名远扬，走向世界。

故事讲得好，就会让所有的利益相关者都为之兴奋。那么，这样的一个企业家也就是一个成功的企业家,他的企业也就是一个成功的企业。任正非、柳传志、马云等都是成功的企业家，他们同样也都是讲故事的高手。要想成为一个讲故事的高手，是不能脱离企业的真实情况的，脱离了这一情况的故事就成了忽悠人，那么，这样的故事是没有人会当回事的。所以说，企业家们讲故事一定要遵循本真的原则，如果讲故事失去了这个原则，就会把故事搞砸，产生适得其反的后果。

对于企业的品牌来说，几乎每一个成功的品牌背后都会有一段感人至深的故事。19 世纪末，有一位名叫埃米尔·耶利内克的奥地利商人，他出生在德国的莱比锡。他十分热衷于运动和技术研究。他喜欢赛车，经常参加尼斯的赛车比赛。他有一个车队名叫梅赛德斯，梅赛德斯是以他女儿的名字命名的。梅赛德斯是西班牙高雅的女性名称，原意为优美和慈悲。这个名字在当时的汽车界是非常有名的，但这仅仅限于车队和驾驶员。

1900 年，戴姆勒公司与耶利内克签署协议，耶利内克向戴姆勒公司订购了 36 辆总值为 55 万马克的汽车，之后又订了 36 辆车。但是在订购的过程中，他提出了一个要求。因为戴姆勒车的名字，用法语来说，鼻音非常重，显得非常笨拙。而法国人对于梅赛德斯这个名字非常熟悉，让人们听起来赏心悦目，显得十分高雅。在大笔生意的面前，戴姆勒公司同意了耶利内克的要求，并且还为此专门研发了新的汽车，命名为梅赛德斯。随着时间的推移，这个品牌逐渐崛起，最后成了世界著名汽车品牌之一。改名之后所带来的一切成就，促使埃米尔先生做出了一个决定：将家族姓氏由耶利内克改为梅赛德斯。从此父随女姓的故事就广为流传起来，这可能也是当今世界唯一父随女姓的故事。我们都知道越是稀有的东西就越能够受到人们的青睐，故事其实也是一样的。奔驰车也被赋予了父女情深的寓意。提起奔驰车，人们也许就会想到这个父女情深的故事。

由此我们可以看出，成功的品牌都是十分擅长讲故事的，之所以他们讲故事讲得好，就是因为他们懂得将品牌的发展历史、品牌的内涵、品牌的精神都融入到故事当中，并且向消费者们娓娓道来，在潜移默化当中给消费者灌输关于品牌的理念。

在如今这个社会当中，只要故事讲得好，就能够为自己赢得名和利。之所以故事有这样大的魅力，就是因为当今是一个物质丰富，但是精神匮乏的时代，如今的人们已经很少有时间去关注你的产品了。相较于关心你的产品，他们更加关心的是你所创造的故事，并且心甘情愿地为你的故事买单。因为你精心打造的故事能够成功地引起他们情感上的共鸣，从你的故事当中，他们可以看到自己的追求和梦想，为你的故事买单，其实是在为他们自己的情感买单，为自己的梦想买单。但是如果你不能够为自己的企业或者品牌创造一个好的故事，那么这样的企业就好比是没有经过包装的明星一样，和普通人没有什么两样，是不可能被人们快速地记住的。

所以说，一个恰当的故事往往能够带来意想不到的效果，能够让你在通往成功的道路上更加顺畅。总而言之，无论是个人还是企业，都要学会讲故事，讲好故事，让故事思维成为我们成功的助推器。

好企业背后都有好故事

在如今的企业当中，要想营造一个良好的企业品牌形象，背后必须有一段精彩的故事与之相互搭配。也因此，我们看到那些成功的企业都会为自己创造一个好故事，让自己的品牌形象更加深入人心。每个成功的企业背后都有可挖掘并且能够广为流传的故事，故事已经成为企业品牌形象的重要组成部分。

百达翡丽，创建于1839年，是世界十大名表之首，虽然经历了近200年的时间，可是它的影响力却依然没有减弱，在钟表鉴赏家的眼中仍然有着崇高的地位，它仍然代表着无与伦比的声誉和地位。百达翡丽创造了手表领域中的一座高峰，总是让人遥不可及、高不可攀。其实，在它巨大成功的背后是关于梦想、严谨、执着的故事。

安东尼·百达出生在一个叫Piaski的村庄，16岁时应征入伍，加入波兰骑兵，是1831年波兰反抗俄国统治革命的一位革命者，后因革命失败，被迫逃往国外。在流亡的时候，他曾经在法国做过一段时间的印刷工人，辗转了几个地方之后，在瑞士的日内瓦定居。他在日内瓦又尝试了几个职业，之后对制表产生了浓厚的兴趣，于是就一头扎进了制表行业。

不久之后，安东尼·百达结识了捷克裔波兰制表师沙柏，两人在1839年合作创办了Patek，Czapek & Cie公司。在公司成立之初，他们雇了五六名工人，为了追求高品质，每年只生产大约200枚表。

1843年，安东尼·百达成为瑞士公民，并被授予了日内瓦“中产阶级”和中产市民地位。在此期间，他经常外出拓展公司的业务，足迹遍布整个欧洲和美国。但是，他并没有放弃对于波兰爱国事业的支持，他经常向波兰的难民伸出援助之手。

1844年，安东尼·百达和简·翡丽在巴黎的一个展览会上相遇。在展会上，简·翡丽设计了一款创新的产品，这款产品的表壳很薄，上链和调表都没有采用传统表匙的袋表，这款打破常规的表在展览会上受到了漠视，很少有人注意到它。但是安东尼·百达却被这一新颖的设计所吸引。于是，他就和简·翡丽进行了一番交谈，并且两人很快就达成了合作的意向。就这样，简·翡丽加入了百达公司，并于1851年正式更名为百达翡丽公司。

简·翡丽于1815年出生在法国的一个钟表世家。他从小就跟父亲学习制作钟表的手艺，在18岁时学成出师周游法国，在很多地方都工作过，最后定居在巴黎。1840年，他开始制作时计机芯；1842年，他又开始研究利用挂表表观进行上弦和时间设定的装置。这并不算是一个新奇的想法由于上弦钥匙容易遗失，而且在上弦的时候经常会损伤表盘，在他之前也有人尝试着摒弃上弦钥匙，而且去掉上弦方孔还能防止机芯装置暴露在灰尘中，同时节省机油。但是，简·翡丽的发明装置的效果却远远超过了以往任何一个柄轴上弦系统，而且和之前的系统也有着很大的区别，他发明的装置非常适合当时流行的超薄腕表。

安东尼·百达和简·翡丽合作之后，改变了钟表制造业的历史，他们不断进行创新，推出了很多新发明，获得了很多专利，例如，表冠上链及调整装置，并以其机械机芯的精确度创下了多项纪录，至今仍未被打破。

百达翡丽的厂标由骑士的剑和牧师的十字架组合而成，也被称为“卡勒多拉巴十字架”。它的由来是1185年，西班牙一个叫卡勒多拉巴的城市受到了摩尔人的侵略，勇敢的牧师雷德蒙和骑士迪哥·贝拉斯凯斯率领民众进行了殊死搏斗，最终获得了胜利，将摩尔人驱逐出境。牧师（十字架）和骑士（剑）合在一起便成了庄严和勇敢的象征，而这种象征也正好代表了安东尼·百达和简·翡丽的合作精神。这个厂标从1857年一直沿用至今。

没有更换过的厂标其实是百达翡丽的精神不断传承和延续，这样的传承和延续也和“代代相传”这个经典的广告主题相契合。

自从1996年以来，百达翡丽就一直使用“代代相传”为主题的平面广告，从未间断过。那些温馨而亲密的家庭照片配以隽永而恒久的设计，谱写出了一个个感人至深的故事。虽然经过了二十余年的时间，但是这样的组合依然牢固，始终散发着强烈的感染力。

1996年1月，现任百达翡丽全球传播总监的Jasmina Steele加入了公司，加入公司的第一个工作就是找到新的广告代理。在这之前，百达翡丽曾经和Bozell公司合作了十多年的时间，是时候朝着新的方向前进了。在当时的奢侈腕表广告中，以名人为卖点，以产品为中心占据了主流形式，百达翡丽想要推陈出新，创造出不一样的广告。

于是，Jasmina Steele与欧洲顶级广告公司进行了接洽，最终一家名为Leagas Delaney的公司获得了百达翡丽的垂青。于是就有了“代代相传”为主题的一系列广告。

Tim Delanney表示：“作为一家代理机构，我们笃信研究，我们不仅自己积极调研，还与百达翡丽开展合作，从一开始这就是至关重要的一环。我们与潜在客户进行一对一访谈，通常是高端人士，他们不会在众人面前高谈阔论。”

在经过调查之后，Tim Delanney 了解到了一些相关信息。当被展示各界名人和著名百达翡丽表主的照片时，潜在客户的反映几乎都是负面的。有人曾经这样回应：“为什么我一定要听别人的故事，借用别人的赞誉，拾人牙慧？”既然不需要听别人的故事，那就创造一个属于自己的故事，于是就有了“代代相传”这样一个广告创意。

在经过几次细节上的探讨之后，Tim Delanney 终于赢得了这笔业务，并成为百达翡丽的广告商。第一代“代代相传”的主题广告很快就问世了，并在 1996 年 10 月开始印刷。广告画面遵循了 Tim Delanney 的初衷，不在表款上进行修饰，而是更加专注客户以及情感上的联系和共鸣。

在 1997 年的广告当中，添加了“You never truly own a Patek Philippe，you merely look after it for the next generation”（没有人能真正拥有百达翡丽，你只不过为下一代保管而已）。如今这句广告语已经成为广告界的一个家喻户晓的传奇，虽然总是被人提起会显得陈词滥调，但是它却是成功的，它成为百达翡丽的象征，也成就了百达翡丽的辉煌。

这句经典的广告语也被百达翡丽沿用了 11 年的时间，在这期间除了每年会有新的照片、新的故事和新的表款之外，广告语是没有任何变化的。然而，在 2006 年的时候，“代代相传”主题广告走到了一个节点，广告照片中的人物手腕上开始出现腕表形象，不再局限于只出现在照片的右下方或者两侧的标语里。

据 Jasmina Steele 介绍，这是为了增添背景，让潜在客户在脑海中将自己与产品联系起来。但这样的举动也是存在一定风险的，能够让一个恰当的表款和故事以及所要呈现出的感情，通过摄影师来呈现是非常不容易的一件事情。

抛开特定的背景和造型，所有“代代相传”的主题广告都有一个共性：描绘理想的关系。广告中描绘的不一定是你现在和家人的关系，但肯定是你希望和家人建立起的关系或者是你曾经希望拥有的家人之间的关系。正是由于这种来源于生活却又高于生活的创作，寄托了无限的希望，赋予了广告强大的感染力。

为什么这则广告能够有如此大的魅力呢？答案其实很简单。对于那些从事复杂研究工作的人来说，“代代相传”广告可能是一个极其腻味的话题。但是对于大多数人来说，这则广告则是他们进入制表行业、了解制表行业的重要途径，也让他们萌发了拥有一枚高级时计的意识。这些广告其实和每一个人都是息息相关的，具有非常大的意义。也因此，每一个对钟表有着浓厚兴趣的人都应该对这则广告怀有感激之情。

1996 年第一个广告中的小男孩现在已经拥有了自己的孩子，“代代相传”广告也持续了一代人的时间，也印证了它所宣传的理念：隽永恒久、不朽价值以及情感在商业中的重要性。

真正优秀的表，在与肌肤相亲近的瞬间，便能感受得到。这是一种无形、无声的情感交流，只存在于表和主人之间仿佛共守着一个心灵家园，在寂静中聆听时间的流淌。人生走到尽头，时间依旧向前。生命的意义由后代血脉相传，而钟表传至下一代人手中，继续与下一代人守望时间。

在追求卓越性能的同时，百达翡丽向严肃的技术氛围中注入了柔软的情感元素，赋予设计欣赏、尊重、启迪与自豪的情愫。以广告为载体，它成功地表述了“为下一代继承”的一年，希冀成为连接父亲与儿子、母亲与女儿之间情感的桥梁。

讲个难得的好故事，全世界都会为之着迷

一个10岁的小男孩，瘦小的身体，乱蓬蓬的头发，明亮的绿色眼睛，戴着圆形眼镜，额头上有一道犹如闪电的细长刀疤，这是最初哈利·波特的形象，这样一个邋遢的男孩却在全世界掀起了一股魔法的风潮，它所带来的巨大影响连作者罗琳都始料未及，连她自己都非常意外自己能够创造一部影响世界的著作。

这部作品主要讲述的是年轻的巫师学生哈利·波特在霍格沃茨魔法学校前后六年的学习生活和冒险的故事，以及在第二次巫界大战中在外寻找魂器并消灭伏地魔的故事。故事中最受人们欢迎的就是其中的黄金三人组：哈利·波特、赫敏·格兰杰、罗恩·韦斯莱。

哈利·波特，故事的主人公，1980年7月31日出生，是巫师夫妇詹姆·波特和莉莉·波特的独生子。他的祖先是伊诺特·皮福雷，而书中的反派势力伏地魔的祖先则是卡德马·皮福雷，他们其实有着共同的祖先。哈利·波特拥有着超高的波特家族的飞行天赋，总是顶着一头乱蓬蓬的黑发，骑着一把破旧的笤帚。一只名为海德薇的宠物雪鸮与他总是不离不弃。当他还在襁褓中的时候，就遭到

了伏地魔的暗杀，母亲为了保护他不幸牺牲了，他也成了魔法世界中唯一的在索命咒下能够活下来的人，但是他的额头上却因此留下了一道闪电形的伤疤。在他 17 岁的时候终于摆脱了在未成年时的魔法侦测咒，同时他也发现了自己不能和浮雕共同存在于这个世界上。于是，他就在邓布利多的指引下，和伏地魔进行了对抗，成了伏地魔所控制的魔法部通缉的头号不受欢迎的人。但他最终在教授、学生的支持下战胜了伏地魔。

赫敏·格兰杰，1979 年 9 月 19 日出生在一个麻瓜家庭。故事中的她是一个喜欢钻研学术并且无所不知的聪明女孩，有时又有点蛮横专行的形象。她所掌握的知识在许多冒险旅程中都发挥了极大的作用。在魔法学院中，她是一个非常优秀的学生，唯一不喜欢的主科就是占卜学，她认为那是一门“不确定”的学问。在魔法学院中，她是最聪明的一个孩子，她知道每一个问题的答案，并且能够熟记每一本读过的书的内容，因此每堂课都积极举手回答问题并且乐此不疲，因此她就有了“格兰芬多万事通”的称号。除此之外，她还特别乐于分享，经常将自己知道的知识告诉别人，她也因此成为在魔法学院中十分受欢迎的人。

罗恩·韦斯莱，生于 1980 年 3 月 1 日，是哈利·波特在魔法学院中最好的朋友，是故事中的一个喜剧角色。他的家族是一个古老的纯血统家族，因此家族中的人都有着一头火焰般的红发。他的爸爸是魔法部禁止滥用麻瓜物品司的员工，拿着微薄的薪资，家里的孩子又多，他们的生活十分窘迫。由于没有钱，他经常会拿一些二手的东西，但又十分在意别人的眼光，因此总是小心翼翼的。罗恩最终与赫敏结婚。他与哈利既是铁哥们，也是在魔法部的同事。

故事中的人物个性都是鲜明的，他们从小到大的诸多故事吸引了无数人、感动了无数人，成就了一部伟大的作品。

《哈利·波特》充满了作者无与伦比的想象力。在整体结构上，故事情节合理紧凑，从第一部到第七部，是一个循序渐进的过程，步步紧逼，引人入胜。前四部作品中即使是独立的故事，也都是非常出色的，它们在简单的故事背后巧妙地隐藏了整个故事的主线，给后三部作品埋下了许多伏笔，这一切都在第七部中精彩地呈现出来。后三部作品的独立性就减弱了，从第五部开始，故事开始步入高潮，各种线索开始汇集，就这样，从而使《哈利·波特》成了一个完整的整体，为观众呈现了一个精彩有趣的故事。

《哈利·波特》的故事中充满了爱。哈利的父母为了救自己的孩子选择了牺牲，让哈利成为唯一能够在诅咒中存活下来的人，爱才是最伟大的魔法。而邓布利多所说的话也传达了这样一个信息，他说："像你母亲对你那样强烈的爱，是会在你身上留下自己的印记的。不是伤疤，不是看得见的痕迹……被一个人这样深深地爱过，尽管那个爱我们的人已经死了，也会给我们留下一个永远的护身符。"

这样的信念始终贯穿在故事中，是故事中最鲜明的一个主题。故事中充满了很多这样的爱，除了哈利的父母做出了牺牲，他的教父小天狼星布莱克也为他献出了自己的生命。还有韦斯莱夫妇，他们对子女也是充满了无私的爱。爱是可以被传递的一种东西，父母所付出的爱越多，子女心中的爱也就越多,他们将会以一种充满爱的心态去看待这个世界，去对待别人。

故事当中除了感人的亲情之外，爱情也是让许多人为之动容的。斯内普教授为莉莉所做的一切，芙蓉在比尔遭到狼人袭击之后仍然不离不弃的陪伴等，这样的爱情故事让很多读者为其落下眼泪。

除了父母之间的爱、情人之间的爱，朋友之间的爱同样也是伟大的。哈利、赫敏、罗恩三人在魔法学院相识，度过了人生中最美好的校园时光，虽然也曾经因为小事而争吵过，但是始终不离不弃，相互陪伴。在哈利遇到危险的时候，赫敏和罗恩毫不犹豫地选择了陪在他的身边，和他共同面对困难。这样的友情感动了无数人，也触动了很多人的内心，很多人都想拥有这样一份友情，有的人成功地获得了，也有的人可能没有获得，但是同样都被故事中的伟大友情所深深感动，他们在这三人的身上看到了自己的影子，也看到了自己想要的影子，从此有了心灵上的一种寄托。

《哈利·波特》中同样也充满着死亡的气息。在小说第一部《哈利·波特与魔法石》中，在魔法石被摧毁，它的制造者也要因此面临死亡的时候，邓布利多就和哈利探讨过死亡，他对哈利说："对于头脑十分清醒的人来说，死亡不过是另一场伟大的冒险。"当时还很小的哈利并没有领会到这句话的真谛。在第五部《哈利·波特与凤凰社》中，当伏地魔和邓布利多进行对峙的时候，伏地魔说道："没有比死更糟糕的事情了。"邓布利多对伏地魔说："事实上，你最大的失败就是不能理解还有比死亡更坏的事情。"这句话就和前面的那句话巧妙地形成了呼应。作者在故事中想要传达的是，没有能够让人起死回生的魔法，接受死亡才能战胜死亡，成为死亡的征服者，就像第七部《哈利·波特与死亡圣器》中写到的"真正的征服者绝不会试图逃离死神"一样。

作为这部著作的作者，J.K. 罗琳的生活并没有人们想象中的那么顺利，在她的人生中经历了一段十分艰难的时光。在一定程度上，《哈利·波特》的诞生和她的人生经历也有着密不可分的联系。

1965 年 7 月 31 日，罗琳出生在英国的格温特郡。她的父亲是退休的管理人员，母亲是实验室的技术人员。小时候的罗琳是一个相貌平平的女孩，十分害羞，鼻子上总是挂着鼻涕。她爱学习，尤其喜欢写作和讲故事，在她 6 岁的时候就写了一篇名为《兔子》的故事，还经常给自己的妹妹黛安讲故事。

勤奋好学的罗琳考上了英国的埃克塞特大学，主修法语和古典文学。通过自己的努力，她获得了文理学的学士学位。在大学期间，通过古典文学的学习，她对古典文学的热爱得到了进一步的升华，我们在《哈利·波特》中就可以看出她在古典文学上的造诣。

毕业之后，她只身一人来到葡萄牙发展，在那里与一位名叫乔治的记者一见钟情，并迅速坠入情网。1990 年，罗琳和乔治举行了简单的婚礼。也正是在这一年，她的母亲去世了，当她想要见到母亲的最后一面时，却让父亲拦住了，因为父亲不想让她非常难受。对于父亲的这一要求，她也暂时性地妥协了。但是，在整理母亲的遗物时，当她看到母亲珍藏着的《兔子》的手稿时，她的内心充满了悔恨，在她的人生中留下了最大的一个遗憾。

母亲去世后，罗琳的生活就开始陷入低谷。1993 年，她的女儿杰西卡出生了，但是她却和丈夫离婚了。她带着孩子独自生活，当时她没有工作，又带着孩子，只能靠救济金生活，生活十分窘迫，贫穷的生活让她萌生了写作的念头。她对自己说："我就写个故事吧，就写个故事，事情已经这么糟糕了，还能糟糕到什么程度呢？"

在决定之后，罗琳就开始投入到写作当中，写一个什么样的故事呢？这个时候，罗琳想起了在她 24 岁那年，在曼彻斯特前往伦敦的火车上，一个瘦弱、戴着眼镜的黑发小巫师，一直在车窗外对她微笑，于是就有了创造哈利·波特这样一个形象的念头，当她回想起那个小巫师的时候，所有的事情就疯狂地涌进了她的脑海。

迪恩森林、巫师、魔杖、魔法……所有的记忆相互交织，在她的脑海中已经形成了"七部曲"。1997 年，第一部《哈利·波特与魔法石》诞生，此后便一发不可收拾，直到第七部完结。

凭借《哈利·波特》，罗琳赚取了将近 10 亿美元的稿费，身家得到了成倍的提升。除此之外，《哈利·波特》系列故事书被翻译成几十种语言，引起了全世界的轰动。由该书改编的系列电影，总票房收入超过了 77 亿美元，创造了全球系列电影票房的纪录。而创造这一切辉煌的不过是一个魔法少年的成长故事。一个好故事所能够创造的价值，是远远超出我们想象的。

第二章

打造故事思维，解决一切难题

如何培养你的故事思维

在现代社会中,会讲故事的人就能够在各种交际中占有很大的优势。因此,拥有故事思维就显得尤为重要。但是,要想拥有一个故事思维并非一件容易的事情。在很多场合中,当人们想用故事去表达某个观点的时候,经常会有一种无从下手的感觉,脑子里缺少素材,让人不知如何开口。因此,要想让故事张口就来,就要让自己的脑中有尽可能多的素材。那么我们从哪里找到这些有助于快速讲故事的素材呢?

获得素材最好的办法就是从自己的经历入手,讲述自己的故事。自己的经历就是最好的故事素材,这样的故事能够更好地撩拨听众的情感,同时也会让你信手拈来。只要你打开记忆的大门,打开观察的眼睛,就会有源源不断的素材。

讲述自己的亲身经历,是有很多好处的。它可以让你自如地应对听众所提出的任何问题,让故事的情节更加丰富。因为对于亲身经历的事情,你会对所有的细节都了如指掌,而这些细节的加入,能够在很大程度上吸引听众的好奇心。此外,讲述自己的经历能够快速地赢得他人的信任,给人一种亲和的感觉,更好地发挥出故事的影响力。

但是,讲述自己的亲身经历也会存在一些问题。因为每个人的生活经历都是不一样的，如果只是一味地讲述自己的亲身经历，就会让听众陷入“自我狭隘”的视角当中。

可以用“第三人称代入法”来解决这个问题，这样就可以让听众有一个间接的亲身体验。再加上细节和讲述者的感受，就会让听众有身临其境的感觉，这样的故事才能更打动人。

在故事的最后，将故事主角（即自己）的身份公之于众，这个时候，无论是“一个英雄的故事”还是“一个失败者的故事”，都能让故事的真实感和感染力得到升华，给人以震撼。

那么我们应该从哪里找到这样的故事呢？

一、你光辉的时刻。对于很多平凡人来说，讲述一个普通人的英雄故事，是能够产生共鸣又不会太有距离感的讲述方法。你可以问自己：“在我的人生经历中，什么样的事情是让自己最有成就感的、最让自己感到自豪的？”通过这样的自我提问，就可以想到自己最令人心潮澎湃的经历，讲述一个不是一帆风顺却最终取得胜利的故事。这样的故事总是能够传递出更多的正能量，激励和影响到更多的人。就像人们都喜欢看名人自传一样，并不是非要成为他们那样的人不可，而是从他们身上能够获得一种精神，从而使自己获得更大的前进的动力。

二、你失意的时刻。讲述一个关于失败的故事，也能够给人留下深刻的印象。在这种时候，你要在内心反复地问自己：“我最失败的是哪件事？，我为什么会失败？我能够给听众提供一些什么样的经验和教训？”

将自己的不完美展现在公众面前，是需要很大的勇气的。但是，能与听众分享自己的懦弱、失意、错误和失败，也是一种真诚的体现，这样的缺点反而更能打动人心，赢得听众的信赖。这种失败的故事，有时反而会产生更大的影响。这样的故事和成功的故事形成反差，能更好地突出你的品质，而你克服困难的经历同样也会鼓舞到更多的人。

三、你的良师益友。每个人的生命中总是会有一些对自己影响很大的人。他们可以是你的老师、父母、老板、同学或者是只有一面之缘的人。这些同样可以成为很好的故事素材。

你可以向听众讲述一段你很受启发的经历或者事情，以此来分享你宝贵的经验。通过赞扬别人，向听众传达你的意图，向听众含蓄地表达出其实你也是这样的一种人，而这样的方式也展现了人类精华的品质谦卑和感恩，这两种品质同样也是领导力的关键因素。

四、一本书。除了对自己有很深影响的人，书籍同样能够对人们产生很大的影响。你从这些书中获得了知识，你可以借助这些书来表达你的观点。比如，你可以用《追风筝的人》来表达责任和救赎，你也可以用《小王子》来表现爱和自由。但是你要对这些书的内容进行提炼，并加上你自己的观点，这样就会让你的故事上升到更高的一个层次。

五、一部电影。电影是导演将故事内容进行加工之后呈现在观众面前的。我们讲述这样的故事，将电影中的故事变成自己的故事，在讲述方式上做出适当的改变，抓住自己最想要表达的核心观点，就能轻松自如地讲出一个故事。

通过电影同样可以展现你的品质。比如你喜欢的电影《阿甘正传》，你为什么会喜欢它，因为它表达出了坚忍不拔的精神，这种精神让你感动；你之所以被感动，是因为你是认可这种品质的，并且在你的身上也有这种潜在的品质。

六、一件时事。时事是每天都会发生的，但是每个人对它的看法都是不同的。而你要做的就是尽可能多地去关注那些能够引起社会热议的事件，并找到一个合适的机会，通过自己的观察角度，来阐述自己的观点。通常情况下，一件事情，通过不同的视角，总是会引申出一系列的故事题材。比如共享单车这件事情，你可以用你的亲身经历去说它的好处，也可以说它的坏处，还可以通过你看到的一些现象来说它存在的缺陷等。

当然，故事的来源不仅仅只有这些渠道，这只是其中一些最简单、最直接的方式，是你学习了就能够运用的故事素材的来源。在我们的生活中还有很多好的故事素材，这就需要我们用心去发现、积累和整理。

但是，最重要的故事还是“我”的故事。因为这里包含了你去过的地方、你做过的事情、你想要完成的事情、你想要成为的人、你的喜悦、你的泪水、你的感动、你的收获……这些故事才最特别，也最能吸引人。

因此，我们要学会从自己的身上找灵感，这样才能让自己更好地进入到故事世界当中。

借你一双发现故事的“眼睛”

很多情感都是需要以故事的形式来进行表达的，这就需要我们去发现故事，而发现故事的前提就是我们要有故事思维。那么我们该怎样拥有故事思维呢?

我们小时候学几何的时候，经常会有这样的问题：在一个十分复杂的图中找出所有特定的形状，比如在一个圆圈内找出所包含的所有正方形，这个时候就需要我们从不同的方向去观察思考，直到把所有的正方形都找出来。其实，我们寻找故事和这个道理是一样的。我们需要把资料打乱，然后把它放在不同的背景之下，这样就会发现许多意义不同的故事，而这些资料也不再是单纯的资料。

罗斯·斯图特曾经说过：“一个故事可以使我们接受新的真理，或给我们以新的视野和方式去体察大千世界、芸芸众生。”但是要想获得这样的体验方式，就需要我们不断地发挥我们的想象力，在你充分发挥想象力的时候，它在一定程度上也会激发听众的想象力，这样就会让故事得到进一步的强化。

迪士尼乐园我们大家应该都很熟悉，它可以说是一个梦想的天堂，它之所以能够受到全世界的瞩目，原因就在于它有极具想象力的故事。

在迪士尼有两千多名创意工程师，他们总是在不断地发挥着他们的想象力，让迪士尼乐园成为一个“造梦的空间”。

20世纪50年代初，迪士尼成立了一个创意小组想象工程。可以说这个工程在迪士尼的创建过程中起到了非常重要的作用，而它的宗旨则是通过梦想来创造一个新的娱乐场所。当时的迪士尼公司正准备在迪士尼建立一个水上公园。当工作人员来到领导办公室的时候，领导办公室内一些玻璃雪球吸引了他们的注意，这些玻璃雪球在晃动的时候会呈现雪花飘舞的情景。但是领导拿着这些雪球，却非常遗憾地说：“这些雪球是美的，但是我们却不能在这些雪球中建造一个公园。”听到这样的话语之后，其中一位工作人员说：“为什么不能呢？”他这样一个简单的反问出现之后，也就打消了他们之前想要在佛罗里达州建立一个滑雪胜地的念头，取而代之的是他们编造了一个暴风雪中的童话故事。

一场暴风雪的侵袭，让佛罗里达州覆盖上了一层厚厚的积雪。在这个时候，一位冒险家来到这里建造了一个滑雪场，在整个冬天，他的滑雪场都开展得十分顺利。但是，当冬天过去之后，春暖花开的季节来临了，天气也渐渐地暖和起来。积雪随着天气的变暖渐渐地融化了，这个时候，滑雪场就变成了一泻千里的瀑布，冒险家又把这里打造成了一个供那些喜欢冒险的人的滑水场。这是一个荒诞的故事，但是迪士尼却因为这样的一个故事建造了一个名为“暴风雪沙滩”的水上乐园。

正是由于迪士尼乐园的工程师和建筑师们从故事的思维角度出发，才拥有了这样一个神奇的水上乐园。

其实，像迪士尼水上乐园这样的案例是非常多的，它所建立的“发现号旅馆”同样是一个关于想象力的故事。在这座旅馆当中，到处都充满了幻想和传说，这里的人们也十分友好。来到这里的人们都可以进行一次冒险，人们在冒险的过程中，可以充分发挥自己的想象力，凭借着想象，人们可以感觉到这里或者是更远地方的事物和饮品的味道。在这里，你可以不受任何限制地完成任何你想要做的事情：发明、想象、探索……这同样是一个凭空虚构的故事，但是它却吸引着爱迪生、达·芬奇等众多创造神话的人来这里“冒险”。

不得不说，迪士尼的创造力和想象力是非常强大的，这正是故事思维所需要的。迪士尼凭借着这样的故事思维为自己带来了巨大的成功。

除了迪士尼，《功夫熊猫》同样也是想象力所创造出的伟大作品。这部作品凭借着奇妙的想象力塑造了一个传奇的故事，也因此收获了过亿的票房。

在《功夫熊猫》中，我们可以看到面馆、宫殿、武术以及吃饭用的筷子这些中国元素。但就是在这样一部极具中国风味的电影当中，却给我们留下了无尽的想象空间：为什么仙鹤身上有6019片羽毛？为什么蛇妹身上多了120块骨头？为什么乌龟大师化成了37157片花瓣？这一切都是编剧凭借着非凡的想象力，以此来突出故事的奥妙。除此之外，故事当中那只胖得连走路都费劲的大熊猫却梦想着成为一个功夫大师，这应该是一件非常不可思议的事情。在它成为大师的道路上所得到的武功秘籍却没有任何文字，全都是凭借着强大的想象力构造出来的。正是由于这些强大的想象力才创造出了故事的契机。当熊猫阿宝在得知神龙秘籍是一本无字书之后，它始终也无法破解，但是被鹅爸爸的一句话给破解了。鹅爸爸说：“面条汤料的祖传秘方根本就没有，全在于面本身，在于你相信它就是秘方。”这句话成了整个故事的转折点，经过这句话的点拨，阿宝成功地领悟到了功夫的奥秘所在，于是毅然回去和师父站在一起，接受来自恶龙的挑战。

《功夫熊猫》之所以能够成为一部优秀的电影作品，就是源自于它幕后工作人员丰富的想象力。如果缺乏想象力，熊猫就不会有一个鹅爸爸，这种看似让人大跌眼镜的想象却意外地获得了巨大的成功。

无论是迪士尼，还是《功夫熊猫》，它们之所以能够取得巨大的成功，强大的想象力是必不可少的，除此之外，就是他们超强的故事思维，正是这强大的故事思维，才让平凡的事物变得更加有魅力。

故事思维，让你瞬间走进他人的内心

每一种文化的背后，都会有一些隐喻或者是故事的起源，都会对普遍而模糊的人类进化困境有着自身的解读，这些故事和隐喻就会围绕着这种解读展开，解读类似时间、权力、安全、金钱、伦理道德以及其他重要的方面。

如果在一种文化当中，它十分注重某一个方面，那么你肯定就会找到一个能够解释它重要性和原因的故事。有这样一个故事，上帝的一个项目要承包出去，A、B、C三个国家的人前来承包。上帝问A国家的人，承包这个工程需要多少钱？A国家的人回答说："3万。"上帝接着问："构成呢？"A国家的人说："人工1万；材料1万；我挣1万。"上帝接着问B国家的人，B国家的人不屑地说："我需要6万，人工2万；材料2万；我挣2万。"上帝点了点头，又接着问C国家的人："你呢？"C国家的人诡异地笑了笑说："我需要9万，你3万，我3万，然后将这个项目承包给A国家的人。"这个故事反映出C国家的人"喜欢玩弄规则而不是遵守规则"。在这个故事当中，也许很多人对于C国家的人会存在很大的偏见，认为他是投机取巧，但是它反映出不同国家之间的文化差异，也因此才导致了这三种截然不同的结果。拥有强大的故事思维对于我们来说是非常有帮助的，尤其是在我们应该知道怎么做却不想去做的时候，如果有一个合适的故事对于我们来说是十分必要的。安妮特·西蒙在辅导一些政客学习讲故事的技巧的时候就采用了这样的方法，她在进行授课的过程中，如果发现有人感到疲惫，就会让这些人讲述自己为什么要选择这个行业以及他们自身所经历过的一些故事。这样他们的心中就会充满斗志，重新燃起一股动力，对于自己的工作也会有一个全新的认识。

如果我们在某个瞬间，收到了一条来自于朋友的短信“我特别喜欢你”，这看似普通的一句话就会给我们带来不一样的感受，也许会让我们对于自身的认识发生一个明显的变化。

初恋对于我们每个人来说都是无法忘怀的。我们在回想起初恋的时候,总是会想到,那个时候的我们有多大？我们当时穿着什么样的衣服？留着怎样的发型？在这个时候，我们在当时所经历的事情，就会以一个片段式的故事呈现在我们的脑海中，它们有的会令我们感动，有的会令我们伤心，有的会令我们欣喜。当这些感情重新交织在一起的时候，我们的内心会产生一种想要见到旧爱的冲动。

相反的是，如果我们回想起那些不愉快的事情，就会产生一种避免这种类似情况再次发生的心理。比如，在你的学生时代，你所经历的一件糗事。当你回忆起来的时候,当时人们脸上的表情,以及当时你的窘境,当这些画面再次映入你脑海的时候，你的脸上仍然会是火辣辣的，这个时候，你同样会产生一种冲动，那就是让自己避免再出现类似的情况。

当我们在重温回忆的时候，那些发生在过去的事是可以改变我们现在的感受的，我们可以通过这些故事得出不同的感受，从而做出不同的行为。

故事思维可以让我们了解到哪些故事可以触动自己的内心世界，哪些故事可以触动他人的内心世界。通过故事对人感情的撩拨，能够起到激励人心的作用，这是人们行动的动力。

故事思维需要融入情感中的情绪、认知以及精神层面的东西。对于人类来说，情感是第一位的。我们在面对那些不愉快的事实的时候，往往会用谎言来进行自我麻痹。所以，我们要学会用更加理性的方法来隐藏自己的感情，试着客观地做决定，增强我们面对那些不愉快事实的勇气。

故事就是你的“料”

一道精美菜肴的诞生，必须有良好的原材料，因为它对一道菜的结果起到至关重要的作用。我们看到名家们做菜时，对于原材料的选择都是极为挑剔的，这样做出来的菜才能够色香味俱全。讲故事就如同做菜一样，必须拥有良好的“原材料”，这样讲出来的故事才算得上是一个好故事，这样的故事才能卖得好。

那么故事的原材料要从哪里获得呢？当然是自己去寻找了。作为人类，我们和动物最大的区别就在于我们有丰富的想象力，丰富的想象力又为我们提供了源源不断的创意，这些创意恰好就是故事最好的“料”。卖故事其实说白了就是在卖这些“料”。所以，伙伴们赶快开动起自己的脑筋，为自己创造更多的料吧。

每到圣诞节的时候，人们都会互送苹果，这也就是我们所熟知的“平安果”。其实，平安果无非就是普通的苹果，倘若在平时，会很少有人注意到它。

当我们开始流行过圣诞节的时候，一些年轻人就会买一两个进口苹果，拿到礼品包装店去打上精美的包装，在平安夜的时候把它当作礼物送给好朋友。一些商家就抓住了这个机遇，因为苹果的“苹”和平安的

“平”是同音，“平安果”也就应运而生了。“平安果”一经推出，就受到了年轻人的追捧，因为他们觉得将赋予“平安”意义的礼物送给朋友是非常有意义的一件事情。因为在传递苹果的时候，传递的同样也是一份美好的祝福。因此，苹果的“身价”也在平安夜这一天水涨船高，可以高出平时的几倍甚至是十几倍。即便如此，它仍然受到人们的热烈追捧。

一旦某个东西被赋予了一定的意义，那么它就会变得有价值，同时也能够获得人们的追捧，这就是故事的魅力所在，可以说这样的事情是随处可见的。每当逢年过节的时候，许多商家都会推出五花八门的促销手段，让顾客们看得眼花缭乱，纷纷加入到狂购的队伍当中。通常，促销的力度越大，吸引的消费者也就越多。这样，在吸引顾客消费的同时，也同时扩大了企业的知名度，企业相应的市场占有率也就跟着扩大了。可以说，节假日的促销活动给商家们带来了很多好处。但是，促销同样也是一个卖故事的过程，也需要商家去寻找很多的“料”。

John Lewis 是英国一家具有百余年历史的百货公司，同时也是一家特别会造“料”的企业。它每年的圣诞广告都会吸引众多的客户，它的广告总是能够给人们带来惊喜，或者是浓浓的爱意以及无限的温暖和感动。2015 年的圣诞节，它在名为“月球上孤独的老人”的广告中向人们讲述了一个关于陪伴的感人故事：一个名叫 Lily 的小姑娘通过望远镜在月球上发现了一位银发苍苍的孤独老人，于是就在望远镜后面每天陪伴着老人，并且在节日到来的时候，历经重重磨难为老人送去了一份让月球老人不再寂寞的礼物……

虽然这个故事并不复杂，但是能深深地打动观众。究其原因，就在于它传达出了一份饱含真情的爱意，这份爱意带给人们无限的温暖与感动，这样的故事让人们感觉到他们购买的不仅仅是一件简单的商品，而是一份浓浓的真情。这样既达到了营销的目的，同时也向人们传达了一份感动、一份真诚甚至是一份责任，唤起社会对孤寡老人的重视。

近年来，由于互联网电商的崛起，零售行业遭遇了重大的打击，零售行业发生了巨大的变化。但是 John Lewis 却凭借着这种营销模式仍然保持着出色的业绩。在 20142015 财年上半年的销售增长率为 6%。在英国经济增长率一直徘徊在 2%~3% 的成熟市场中，这样的业绩可以说是非常难得了。其中，营销模式是功不可没的。

由此我们可以看出，一个好的故事能够给企业带来的价值是非常巨大的。我们在生活中所接触到的一些故事往往都是非常简单的，同时因为缺乏生动的形象而不能被人们所熟知。但是一旦将这些故事增添一些人为的引导，借助媒介的传播力量，那么，很快就会出现一个具有渗透力和感染力的故事，这样的故事传播的速度越快，所带来的效益也就会越大。

有一家企业，效益不好不坏，算是能够勉强支撑，照说这样的企业想要发展壮大是不容易的。不料，这个企业后来却成为一家知名的企业。这家企业的崛起和后来的一位领导是分不开的。这位新来的领导名叫李辉，是一位十分有头脑的中年人，他是非常擅长品牌营销的。当他来到企业之后，发现这家企业根本就没有一个良好的品牌意识，更没有任何故事可言。

李辉上任之后，就开始了一系列加“佐料”的工作：首先是给工人们下的猛料，谁有特长，谁就可以尽情地发挥，为此工厂还准备了一次空前的个性特长招聘会。只要符合调动条件的员工就可以调动部门，从而获得更好地提升。这样一来，就吸引了众多工人的眼球，他们原本浑浑噩噩的日子，突然一下子有了盼头，没想到有一天还能够实现自己的愿望，能够大有一番作为。工人们的积极性很快就被调动起来了，与此同时，李辉又为企业加大了“剂量”，开始为企业创造一个好的品牌故事。

于是，原本名不见经传的一家企业，通过这一系列故事的传播，很快就名声远播，吸引了众多慕名前来接洽的企业。这家企业的身价也就随之暴涨，原本滞销的产品被很多人高价买走，产品通过一个个妙趣横生的故事也变得畅销起来。同样的一个企业，在不同领导人的管理下，所添加的“佐料”也是不一样的，那么最终所获得的效益也是不一样的，这就是故事所产生的影响力。对于企业来说，要想发展壮大就必须有故事，不要放过任何一个能够创造故事的机会，哪怕是微不足道的一件小事。再小的一件事情，加入足够多的料，同样能够产生一个拥有巨大影响力的故事。

能够成功抓住人们的眼球，满足人们感官上的需求，这样的故事同样是一个好故事。

海尔砸冰箱的故事就是这样一个典型案例。1985 年，由于客户的投诉，海尔发现自己生产的一批冰箱存在着质量问题。这个时候有人建议将这批冰箱重新改造，有人建议将这批冰箱作为福利发放给员工。但是，海尔的首席执行官张瑞敏却做出了一个令人震惊的举动：他用一把大锤子将这批冰箱全部砸碎。可以说每一锤都砸到了老工人的心里，他们都流出了心疼的泪水，但是唤醒了海尔人在质量上的意识。之后，海尔人在产品的质量上严格把关，生产出一批又一批质量过硬的产品。随着“砸冰箱”故事的广为流传，海尔也成功地吸引了消费者们的注意力，业绩逐年上升，后来终于成为中国家电行业的领军人物，而且冲出国门，走向了世界。对此，张瑞敏曾经在 1999 年的《财富》论坛上说过：“这把大锤对海尔今天走向世界，是立了大功的！”

没有料的故事就如同鸡肋一样，弃之可惜，食之无味，毕竟每一个故事的产生都是需要付出心血的。所以说，一定要给你的故事添加足够多的料，创造出津津有味的料，这样“料”意十足的故事，人们才更喜欢听，同时你的辛苦也不会白费。用最大的限度去炒作自己，成功地吸引人们的注意力，改变企业的传播途径，将一件小事情无限放大，这或许是创造有料故事的一个绝佳途径。

别带着批判的声音讲故事

虽然故事有着很多重要的作用，它也是一直伴随着人类的发展，但是仍然有人会用批判的态度去看待一个故事，在他们的眼里，故事总是太主观，夹杂着太多的情感因素，不是一种理性的东西，或者说是一种十分低下滥俗的东西。这样的态度会影响你寻找故事和讲述故事的方法，我们讲故事也像写作文一样，若戴着脚链去跳舞，所呈现出来的东西也都是一些模式化甚至是陈旧的东西。理性思维总是希望我们所要呈现的东西是完美的，总是希望我们利用科技、自动化、测量这些方法呈现出精准的东西。但是，这样所呈现出来的东西往往都不是我们真正想要的东西。它不仅影响你真正想要拥有的东西，而且会使你丢失掉很多的乐趣。

安妮特·西蒙斯曾经说过："我不喜欢将故事的主观特性切分为模块、秘方、策略。人们经常会说，故事一般会有开头、过程和结尾。那么什么东西是没有开头、过程和结尾的呢？同理，你可以用情节、人物、主题、矛盾组成一个故事，但是不一定能产出好故事。互动能够让人找到发自内心的、来源于实践的意义，让讲故事的人和听故事的人都得到满足这才是一个好的故事。"

其实，故事思维是先于人类发现科技之前的一种思考方式，直到现在，它仍然是一种备受推崇的思维方式。所以我们在寻找故事的时候，要尽可能地减少一些理性的东西，多寻找一些人物经历。心理学研究表明，故事是由人类负责社交和情感的大脑区域编码大脑边缘系统、杏仁体以及大脑中更加相信感官直觉的部分而获得的，而并非依靠大脑中善于记住符号、数字、字母的那一部分。一个好的故事能够激发人们多方面的情绪，例如感动、悲伤、狂喜、愤怒甚至恐惧等，而这些情绪的激发往往能够更加容易形成记忆，也会让事实更加清晰，这样的效果往往是那些符号、数字难以达到的。虽然故事在一定程度上会和事实有一定的偏差，因为故事毕竟是感性的产物，不可能做到十分精准，但这也正是它的奇妙之处。

故事是能够在一瞬间改变人的价值观的，这也许会令我们感到不安和恐惧，但是随着时间的推移，你会从中发现不一样的乐趣，体会到故事思维中所存在的奇妙之处。

这个世界唯一不变的就是变化本身，我们所经历的东西也会随着时间的推移而不断变化，所以说一些数据、符号等也会不断发展变化。而情感上的东西却始终能够随着时代流传下来，它通过故事的形式向人们传达着一种情感、一种真理、一种意义。就像爱情一样，它始终是人们所不断追求的，各种凄美的故事始终在人们的传颂中广为流传，人们也在故事当中不断地感受到爱情的美好和伟大。故事激励着人们不断地追求爱情，享受爱情带来的美好。

对于那些理性的人来说，他们经常会在决策中将情感因素排除在外，但是缺乏了情感因素的决策是不能让人们信服的。不过，这也并不意味着要让情感占据决策的绝大部分，而是要让我们学会利用那些长久存在的感情，这样所做出的决策就会更加灵活，并且融入感情的决策才不会让人留有任何遗憾。

也许有人会认为夹杂了太多情感因素的决策是不太靠谱的，是非常随性的。但是，心理学家则认为：一个盲人不会因为重见光明后，看到一些自己觉得恐惧的事物就自废双目。故事只不过是展示了原本就有的情感推理规律，让你选择最佳途径到达目的地。

在工作当中，如果我们能够很好地利用故事，在做出决策的时候，那些长期被压抑的情感因素就会被唤起，从而让我们的决策变得不再那么死板，让我们的感情变得更加丰富，也让我们的情商不断得到提高。充满情感的团队会更加阳光，并且充满活力。这样就会让那些认为情感因素没有用处的人感受到一种恐惧和压力，他们也就显得十分“特立独行”。

我们可以运用故事思维来发现一个个新鲜的故事，让它们指引我们走向更加遥远的未来，更加光明的未来。与其对它进行批判，不如充分发挥它的作用，让它为我们创造更多的价值。

“一句顶一万句”的秘诀

我们都知道画龙点睛这个成语，当画家在最后画上龙的眼睛之后，龙奇迹般地腾飞而起。对于画家们来说，有时候一个点睛之笔就往往能够让一幅缺乏生气的画卷顿时变得“活灵活现”。对于好的故事来说，能够获得人们的认可，吸引人们的关注，同时能够给人无限遐想空间的故事不一定是一个长篇大论的故事，有时候一个短的故事往往更能够引起人们的好奇。所以说，一个故事的好坏并非是由它的长短来决定的。

世界上著名的悬疑小说是由美国作家弗里蒂克·布朗所创作的，它被翻译成中文仅仅有25个字：地球上最后一个人独自坐在房间里，这时，忽然响起了敲门声……作者虽然只是用了这短短的一句话，却给予读者无限的遐想空间，这时候故事就变成了一个非常广泛的故事，也就会出现不同的结果，那么也就会满足不同读者的需求，这样的故事反而能够吸引更多的受众群体。

之所以能够产生这样的效果，就是由于人们的思维差异所造成的，对于作者来说，读者是众口难调的，创造出一个众人都满意的作品是不可能的事情。所以说，无须过多的语言，通过一个没有结尾的结尾，满足了不同人的需求，让读者自己去发散思维、去创造结果，这样虽然算不上是一篇完整的作品，但它却是一篇成功的作品。一个短故事有时候同样会是一个好故事。

我们看到那些成功的广告，通常都是没有过多地介绍产品，而仅仅是通过一句话就能够成功吸引消费者。联想的广告词“人类失去联想，世界将会怎样”这句话没有用长篇大论来说明自己的产品有多好，而是用一个反问的句式，将问题丢给了消费者，让消费者去想象，这无疑就增加了消费者们的好奇。也许人们的心中会有这样的疑问：“到底是怎样的一个产品，能够有这么大的信心，将自己的产品和世界联系在一起？”这个时候就会怀着一种好奇的心情去关注你的产品，你的产品成功地吸引了消费者的目光，那么广告的效应也就达到了。相比那些狂轰滥炸的广告，这样的广告不仅不会引起消费者的反感，反而给人一种高端、有创意的感觉。同样，你的产品也就会被消费者纳入一个高端的范围。与此同时，一句简简单单的话给人提供了无限遐想的空间，成功地吸引了消费者的注意力，这无疑是将故事卖到点子上的一个成功案例。

有时候一句简简单单的广告语不仅能够成功吸引大众的注意，甚至还能够帮助企业度过危机。戴比尔斯公司的那句“钻石恒永久，一颗永流传”就是这样一个例子。

20世纪上半叶，受到经济萧条的影响，奢侈品的销量急剧下滑，钻石作为奢侈品中的一员也没有能够幸免于此。这个时候的戴比尔斯公司为了化解危机，就必须寻找到一个新的销售模式。而最好的办法就是将钻石从奢侈品的舞台中退出，让它走进平民百姓的生活当中。对于普通大众来说，能够让他们快速接受的最好办法就是赋予品牌一定的故事性。但是钻石除了昂贵和坚硬外，几乎找不到任何切入点。在这样的情况下，戴比尔斯公司决定，将钻石和爱情的忠贞相联系，和爱情扯上关系，就会赋予产品无限的故事。于是，戴比尔斯经过对产品的重新定位之后，象征着忠贞爱情的钻石就这样诞生了，“A Diamond is Forever”的产品口号也就应运而生。消费者在手上戴上钻石的时候仿佛就相信自己有了一段坚贞不渝的爱情。很快，戴比尔斯的钻石就又重新回到了人们的视线当中，这个时候它不再是一个简简单单的奢侈品，而是作为爱情的象征出现的，而人们对于爱情的追求可以说是无止境的，而且这又是每个人都可以实现的。在无形当中，戴比尔斯公司就将受众群体无限扩大了，与之对应的市场也就扩大了。

重新回归人们视线的戴比尔斯需要一个庞大的市场，而我国正好能够提供这样一个庞大的市场。但是在我国传统文化当中，钻石和爱情是根本就不搭边的，能够让人们将它们相互联系起来，可以说是一件非常不容易的事情。为了迎合我国的文化，戴比尔斯就创造了“钻石恒久远，一颗永流传”这样的广告语，这样简简单单的一句广告语很快就敲开了消费者的心房，并且迅速传播开来，影响到了很多人。

对于很多拥有钻石的新人来说，他们不一定能够相守一生，他们之所以选择戴比尔斯其实只是对未来的一种美好愿望而已。但正是抓住了消费者这样的心理，让戴比尔斯公司不仅开拓了一个庞大的市场，同时也赋予了钻石新的定义，可以说它创造了一个新的历史，将钻石行业引领到了一个全新的时代当中。

爱因斯坦说过：“人生的意义就在于设身处地地为别人着想，乐别人之乐，忧别人之忧。”每个人天生都具备为他人着想的能力，这一现象在心理学上被称为移情。这里所说的移情指的是将心比心地站在对方的角度理解和欣赏的感情。因为每个人对于爱情的期许都是美好的，戴比尔斯能够想消费者之所想，站在消费者的角度将钻石的坚硬重新赋予忠贞的定义，给予爱情一个美好的定义，可谓是牢牢地抓住了消费者的心。

有时候一个简简单单的故事所产生的影响力是非常巨大的。究其根本，是因为这样的故事往往更加容易触及人们的心灵，激发潜在的情感力量。一切沟通都是从心开始的。对于企业来说，当他们与客户进行一项交易或者是谈一个合作项目的时候，如果能够有一个触动客户情感因素的故事就会起到事半功倍的效果，这样的故事往往能够在你和客户之间搭起一座无形的心灵桥梁。你所想要达到的效果往往只能通过触及客户心灵的故事，而不是喋喋不休地自卖自夸。

这个世界上流传得最广的，被讲述得最多的，往往都不是那些最复杂的故事，而是一些最用心的故事。在如今的社会当中，社交媒体上可以说每天都会有很多的故事发生，但是能够让我们记住的故事却少之又少。究其原因，就是因为这些故事不能直指人心，不能唤起读者的共鸣。一个好的故事往往能够通过几句简单的话语激发人们内心深处的情感，使其在不知不觉间转入自己的心间。在这样的过程当中，完成了价值观无声的输出和情感上无声的交流。一个聪明的企业家就会通过这样的方式将产品赋予一定的价值观，并且通过故事的形式将它植入消费者的心中，从而在情感上和消费者达到共鸣。

对于企业来说，不要总是追求对于产品的过分赞美，有时候一句饱含真心的广告语更容易打动消费者。但是看似简单的一句话也是需要很多素材的，每一个好的故事都必须具备足够的“料”，这样才能创造出“钻石恒久远，一颗永流传”这样的奇迹。

第三章

设计故事，从日常生活的点滴开始

生活中处处都是故事

对于很多人来说，“寻找故事的素材”是一个很大的困难。因为很多人都认为自己的人生过于顺利和平凡，几乎找不到什么特别的事情，而身边人的生活也极为普通，同样找不到值得作为故事的材料。

这样的人，他们有一个共同的特点，那就是他们认为故事的素材只能是一些重大的事件，就像新闻当中的头版头条一样。

其实，每个人的人生经历都是不一样的，虽然看似普通平常，但是都是十分独特的。所以说，每一个人从早上起来到晚上入睡，这一天当中所经历的任何事情以及在梦里出现的事情，或者是那些在生活当中出现的任何大大小小的事情，都可以成为故事的素材。但是这并不意味着所有的事情都可以一一罗列出来，流水账式的故事是没有人愿意看的。我们搜集故事素材的目的并不只是数量上的积累，而是能够让素材起到说服人的作用。有这样一句俗语：“珍珠要经过打磨才能变得更有价值。”但是如何将打磨好的珍珠穿起来，这也决定着项链是否美丽。

我们如何利用好身边的素材，创造出引人入胜的故事呢？通常情况下，我们需要注意以下几个要素：

一、选择那些亲身经历的真实事情或者是在现实生活中发生概率比较大的事情。在选择完事情之后，要为故事选择一个能够让观众找到自己影子的典型角色。然后将整个故事有条理地展开，并在其中加入肯定的信息。比起那些在梦中出现的事情，真实的事情更能够获得人们的青睐。

二、为了能够让人们更加容易地获得感悟，要尽可能地将事情发生的时间、地点具体地展现出来，以此来增加故事的真实性。这时候事情当中的人物应该从听众当中的典型选取。如果听众是一个售贩组织，事情的人物就可以选择为销售业绩苦心经营的推销员；如果听众是一个咨询公司，那么就可以选择从客户棘手的要求中找出薪新的战略顾问；如果是在就业的说明会当中，那些发了上百份简历的求职者就可以成为很好的典型人物。让听众当中的典型人物作为事情的主角，就会让听众感同身受，从而引起他们极大的聆听兴趣。

2003 年，当美国和伊拉克展开战争之后，美国各个地区爆发了反战集会游行。在众多的反战集会游行当中，发生在美国东北部缅因州的一次反战集会吸引了美国乃至全世界的关注。在这个反战集会上，一个出生在伊拉克名叫夏洛特的 10 岁女孩做了一次感人至深的演说。

当这个演说的视频被上传到网上之后，很快就在世界范围内传播开来，引起了强烈的共鸣。可以说，夏洛特的演说具备了故事应当具备的所有要素，这样的演说比任何反战信息的号召力都要强大。让我们来看看这个小女孩是怎么讲故事的。

“请大家回想一下我的样子。请大家回想一下伊拉克的炸弹攻击、穿着军服的萨达姆 · 侯赛因、拿着枪留着小胡子的军人，回想一下拉希德酒店墙壁上的犯罪者字样和乔治·赫伯特·沃克·布什前总统的脸孔。”

可以说，夏洛特在演讲一开始，就在听众的脑海中构建出了一幅形象鲜明的画面，从而刺激了听众的想象力，迅速地将他们的注意力集中起来。她用自己的形象，让进攻伊拉克事件的画面从电视当中走出来，就好像它真实地发生在我们身边一样。

“但是你们知道吗？在伊拉克生活的2400万人中，有一半以上都是15岁以下的青少年。在伊拉克生活着1200万孩子，他们都是与我一样的小孩子。我今年10岁，他们中有一些人年纪比我大，有一些人年纪比我小，有男孩，也有像我一样的孩子。请看看我吧，仔细地，多看一会儿。当你们想起伊拉克正在被炸弹袭击的时候，也想想我的样子吧。我正是大家想要杀死的那个孩子。”

如果夏洛特的演说只是止步于讲故事的视觉化，也不会给听众带来震撼的感觉。不得不说夏洛特很聪明，她成功地意识到了这一点，她不断地引导听众，一步步地展开话题，将精确的统计数字变为自己主题强有力的后盾，向人们展现了具有强烈画面感的关于战争的惨状，使听众在潜意识当中产生了一种信赖感，让事件的真实性得到大大提高。

“我的运气很好，在1991年2月16日的空袭行动中得以在巴格达的空袭避难所藏身，幸存下来。但是众所周知，那天有300多名儿童死于斯玛特炸弹。那天的空袭使全城燃起了大火，许多未能进入避难所的儿童和妇女被炸得连尸体都找不到了。但那个时候，你们大概为了纪念胜利，正在举行庆祝仪式。倘若我当时运气不好，就可能像其他死去的儿童一样，躺在巴格达儿童医院的死亡病室中；也可能像14岁的阿里一样，非常痛苦地死去；也有可能在众所周知的海湾战争中，患上由贫铀弹引起的恶性淋巴癌。

“我也有可能像只有18个月大的穆斯塔法一样，患上一种被称为白蛉的寄生虫吃掉内脏的病，虚弱得连手都抬不起来，最终像他一样痛苦地死去。虽然很难相信，但是穆斯塔法当时只要有25美元那么一点儿的钱，就可以买到药品，可以完全好起来，但是美国对伊拉克进行了经济封锁，在伊拉克买不到药品。”

在这一段演讲中，夏洛特通过确切的年份和死亡人数，向人们展示了战争中儿童的苦难生活。在一个演讲当中用真实的事件能够成功地打动听众的心，让他们沉浸在你的演讲当中。

“也许我不会死，我会像萨尔曼·穆罕默德一样，遭受到肉眼看不到的心理伤害。1991 年美国攻打伊拉克时，萨尔曼虽然跟姐姐一起艰辛地活了下来，但是至今仍不能从当时的恐怖当中逃脱出来。那个时候，萨尔曼的爸爸把全家都召集在一个房间里，互相拥抱，决定一起生、一起死。萨尔曼至今仍在响着防空警报的噩梦中生活。

“也许我会像在海湾战争开始时只有 3 岁的阿里一样，失去父母，成为孤儿。阿里在父亲死后的 3 年时间里，每天都到爸爸的坟墓前，试图扒开堆积的泥土，找到他的爸爸……”

在这一段演讲当中，出现的具体人物萨尔曼和阿里，可以说成了演讲主题当中的典型人物。通过他们父子在战争中的遭遇，真实地呈现了战争中人们生活的现状，让听众为之动容、为之怜悯。

“试想一下，如果这个孩子就是你的孩子，或是外甥或是邻居家的孩子。试想一下，你们的孩子没有了四肢，在痛苦中苟延残喘。试想一下，你们看着孩子的痛苦却没有办法改善，没有办法使他们得到平安，只能那样无力地看着。试想一下，你们在压住孩子的建筑残骸前号啕大哭，却毫无办法营救。试想一下，你们的孩子目睹你们的死亡后，一个人忍饥挨饿、四处流浪。这不是动作电影，也不是奇幻电影，更不是电视游戏。这正是伊拉克孩子的现实处境。”

这一段通过排比句式，让听众陷入了深深的沉思当中，从而使听众在态度上发生了转变。在讲故事的时候，为了防止人们在故事中迷失方向，在适当的时候就要再次强调故事的核心主题信息。

“最近一个组织访问了伊拉克。被调查访问的孩子中，一半以上都说自己没有再活下去的必要了。连非常年幼的孩子也知道什么是战争，并且畏惧战争。如果问只有5岁的孩子阿瑟姆，战争是什么，他会告诉你，在枪林弹雨中不管是冷还是热，我们都会被火烧死。而10岁的艾尔莎，则想对布什总统说：‘在伊拉克有无数的孩子会死，你在电视里看到孩子死去的情景难道不会后悔吗？’”

在这一段当中，夏洛特提到了战争的始作俑者布什总统，对于他的提问可以说是牵动了无数人的心，用孩子对战争的恐惧，真实地呈现出了伊拉克人民对于和平的渴望。这一段演讲可谓是让听众的心又一次为之震撼。

“我们都害怕自己哪天会死去。如果有人要杀死我们、伤害我们或是偷走我们的未来，我们都会感到气愤。我们在祈祷爸爸妈妈可以活到明天的时候，都会感到悲伤。最后，我们都不知道自己做错了什么的时候，就会变得混乱。”

夏洛特的演讲可以说真实地呈现出战争的惨状以及战争带给人们的灾难，让人们得到了反思，激起了人们对于和平的追求。人们的内心在受到震撼的同时，也得到了鼓舞。这样一篇伟大的演讲就是由一个真实的事件所组成的，用一个个真实的人物、真实的数字，向人们传达了一个真实动人的故事。

所以说，讲好故事并非是一件十分复杂的事情，只要你用心去发现、用心去感受，那么生活中每一天所发生的事情都有可能成为你的故事最好的素材。

日常练习，让你口吐莲花

我们总是希望自己的故事能够引起听众的共鸣，让他们的情绪随着故事的变化而变化。但并不是所有的故事都能够达到这种效果，因为讲故事是艺术和实验的结合体，就像创新一样，讲故事也是充满风险的，有成功也有失败。我们能够做到的就是尽量减少失败的概率，减少失败的最好方法就是要遵守讲故事的原则。

讲故事的时候，我们应该注意和听众分享自己的感受，这样才能更好地掌握对方的感受，也能更好地调动听众的情绪反应。我们对于每个事件总是会有自己的看法，而这种看法正好就是我们情感推理的过程。能否分享自己对于事件的看法也决定了讲故事水平的高低。讲故事就像跳舞一样，你要主动邀请，只有有了好的开始，才能够舞出绚丽的舞蹈。因此，讲好故事的首要原则就是要“打好头阵”。

要想打好头阵，就要首先找到一些好故事，要意识到讲故事的重要性，具备了这种意识之后就能真正地开始讲故事。在讲故事的时候，如果你不能尽快地调动起听众的情绪，你就会和听众之间存在一定的距离。在这种情况下，你不妨转移话题，将故事转入到现实当中，讲述关于你自己的故事。这就需要你有一个很好的讲故事的能力。

提高讲故事的能力最好的办法就是练习。在练习过程中，你会体会到故事的魅力，当你的故事能够影响到其他人的时候，你会感到非常满足。久而久之，讲故事就会成为你的一种习惯，无论在什么样的场合中，面对什么样的人，你都能够讲出相对应的故事，讲故事也成为你生活中不可或缺的一部分。

我们在练习讲故事之前也许会犹豫，总是会有各种各样的想法，比如“自己讲不好故事”“我该讲些什么呢”“去网上看看吧”。但是，只要你沉下心来，坚持去做，这些困难就会随着你的坚持渐渐消失，而好故事也会渐渐地被你讲述出来。我们应该从以下几个方面开始进行练习：

一是分析故事中的人物。故事的情节性是非常强的，而且故事的主题大部分都是通过人物的语言、行动所表现出来的。因此，我们在讲故事之前，首先要对故事中的人物性格以及人物关系进行研究。比如，我们在讲述《皇帝的新装》这个童话故事的时候，首先要对故事中的人物性格进行分析，这样就会把国王的愚蠢无知，骗子的狡诈阴险，大臣的阿谀奉承以及不分是非，小孩的天真无邪活灵活现地表现出来，让听众沉浸在你的故事当中。这是一项非常艰巨的工作，是需要我们进行反复练习的。

二是掌握故事的语言特点。故事的语言是有别于其他文学形式的，其最大的特点就是口语化强、个性化强。当我们在拿到一些材料的时候，先不要着急讲，而是先要将它变成适合我们讲的故事，要将它的语言变成故事的语言，然后再进行讲述，这样才能让故事变得更加流畅生动。

三是反复练习。在经过以上两项工作之后，我们就要开始不断地练习。在反复练习的过程中，让自己的情感和故事中的人物相结合，让自己融入故事情节中去，要能够将故事中的人物惟妙惟肖地表现出来，要让自己的语言更加生动形象。

四是动作或表情的练习。在讲故事的时候适当地加入一些动作或者表情，能够将故事更好地展现出来。但是也要注意自己的动作要和故事的内容相符合。

五是语音的练习。讲故事的时候一定要让自己的语音清晰，让听众能够听得懂、听得清，这是讲好故事最基本的前提。

在练习讲故事这方面，古希腊著名的演说家、鼓动家和政治家德摩斯梯尼可以给我们一些重要的启示。

德摩斯梯尼在希腊受到马其顿的入侵时，曾经发表了一篇名为《斥腓力》的演讲。这篇演讲严厉地谴责了马其顿国王腓力二世的扩张野心，极大地鼓舞了希腊人民反对侵略的斗志。他的一生发表了许多著名的演说，流传至今的有61篇。但德摩斯梯尼成为著名的演说家也是经历了很多的困难的，这一切都是凭借着他长期刻苦的磨砺而成的。为了锻炼自己的演讲口才，他做了很多近乎疯狂的事情。

为了锻炼自己的口才，他每天天不亮就起床进行练声，一会儿连续发出“o-o-o”的声音，一会儿又发出“ong-ong-ong”的重鼻音。在他的房间里安装着一面大镜子，他总是对着镜子不断地练习演讲，在镜子中观察自己的动作和表情。最令人惊奇的是，每当倾盆大雨的时候，他总是登上高高的悬崖，在嘴里含一块小石头，面对着狂风暴雨，高声朗读诗文。他发现自己在演讲时速度比较慢，就去攀登峻峭的山崖，一边攀登一边背诵诗文，并且不断增加自己的登山速度，而背诵诗文的速度也会随之加快。为了矫正自己在演讲中爱耸动肩膀的毛病，他就在屋梁上拴上两根绳子，在绳子上绑上两把尖刀，自己则站在这两把尖刀之间进行练习。从这些故事当中，我们足以看出德摩斯梯尼为了成为一个合格演说家所做出的努力。

在生活中，并不是所有的人都是天才，很多人要想获得成功都是需要付出非常多的努力的。讲故事也是一样，我们只有不断地练习，熟练地掌握讲故事的方法，严格地要求自己，才能够获得成功。通过我们的努力，会有更多的好故事出现，让故事去影响更多的人，同时也会让自己收获更多。

所以，那些还在犹豫的人，请打消你们的顾虑，从现在就开始行动起来，成功会在不远处等着你们。

我们每天都在讲述的故事

其实，我们是不用特意去学习讲故事的，因为每天都有故事发生，而我们每天也都在讲述故事。那些发生在别人身上或者是我们自己所经历的事情，在人们的口口相传中，成为热门话题，成为热门新闻，同时它们也成为一个个精彩的故事，它们或是给人以鼓舞，或是给人以警示，或是给人以感动。这些故事深深地影响着我们的生活。

随着社会的进步，我们的视野在不断拓宽。我们可以出去旅游，我们可以去游学，通过这样的经历，我们也收获了更多的故事，我们将自己所经历的这些记录下来，久而久之，我们的故事宝库就会变得越来越丰富。在我们的旅途当中，我们可以经历着这个每天所讲述的故事：

在以色列，一位名叫沙利特的普通士兵，却让 1027 人换取了他一个人的生命。那么他究竟是一个什么样的人？以色列究竟是一个什么样的国家呢？

在非洲，那些遭遇饥荒的场景无不令人十分震撼，你在吃惊的同时也会感叹：为什么在这样一个如此发达的社会，还会有这样的事情出现？饥荒仅仅是由于旱灾造成的吗？这些国家的政府为什么会对这些现象视而不见呢？

在索马里，由于内部的部族混乱，国际救援物资根本无法进入。这个时候，你就会希望联合国尽可能地去救助这个国家，救救在受难的群众。

在希腊，一个普通的初级技工就可以过上犹如皇帝般的生活，但是每天都会有许多人走上街头闹事，你会感叹这个国家的人民真是身在福中不知福。

每一个人、每一个国家、每一个民族在每一天都发生着各种各样让人或是惊讶，或是感叹，或是悲伤的事情，这些事情在被人们传播着，被人们传颂着，最后都成为经典的故事。所以说，我们大可不必费尽心机地去寻找故事，只要我们用心去发现，就会有越来越多的故事出现在我们面前。

但是，对于很多人来讲，为了能够博得他人的同情，他们总是会讲述一些抱怨自己压力太大，或者是充当长舌妇去议论别人，或者是自己所经历的一些糟糕的事情等。殊不知，这些事情不但不会引起人们的同情，反而还会引起人们的厌恶，传播一种负能量。因为很多人并没有意识到，我们在发泄负面情绪，或者是分享那些具体冲突的事情时，虽然会让我们得到一定的安慰，但是我们也应该考虑一下倾听者的感受，并不是每个人都愿意充当你精神上的垃圾桶。所以，在讲述这样的故事的时候，我们一定要做到适可而止，并且要注意选择合适的对象。

我们每天都在讲述的故事，就是我是谁的故事，我在什么地方的故事，我们所看到的故事，我们所珍惜的故事，我们想要宣扬的故事以及我们对他们的内心想法的故事。其实，只要我们避免了前文中所说的问题，那么我们每一天所讲述的故事就是十分重要的，我们应该重视我们所讲述的故事，并且注意我们每一天所讲述的故事。下面我们就来具体分析一下我们所讲述的这些能够激发想象力以及不断促进创新的故事。

一、“我是谁”的故事

我们每一个人都是独立存在的个体，在我们的身上总是会存在着一些能够影响他人的特质，那么这些特质是一些什么样的特质呢？我们要证明这些特质，其实最简单的办法就是讲述一个关于我们自身的故事，一个有具体时间、具体地点以及具体事情的故事，这样我们身上的特质就会毫无保留地展现出来。除此之外，你是否已经结婚生子了？你的父母是什么样的？你是在哪所大学毕业的？你的第一份工作是什么？这些个人经历能够说明你是一个什么样的人，这是你想要别人信服你的首要条件。

二、“我为何在此”的故事

如果你的故事让人们觉得你是在宣扬一个主张，以此来获得金钱、时间的时候，就会对你所阐述的“事实”产生一定的怀疑，会认为你所讲述的事实是有失偏颇的。在这个时候，你可以为自己进行一定的辩解，告诉他们，你的工作不仅仅是为了钱。但如果事实上就是这样，那你最好就大方承认，这样会让人觉得你更加真实，而不是故作清高。

三、教导型故事

如果我们想要对一个人进行教导，只是直接地告诉他你应该怎样做，那么就不会起到什么样的效果。就比如你想要劝导一个学生努力学习，如果你直接告诉他要好好学习，那么这种方法肯定是不会奏效的。但是，如果你讲述一个关于勤奋好学的故事，这样他就会从中受到启发，勤奋好学起来。讲述一个教导型的故事，比直接提教导型的意见更容易去改变一个人的行为。能够在短时间内改掉一个人所存在的缺点或者是所犯的错误，也许这是一个最好不过的办法。

四、愿景故事

所谓的愿景就是能够对未来做出一定的规划，为未来树立一定的目标，以此来鼓舞人心。而这样的一个故事能够让人们对未来充满信心，并对当前所经历的痛苦保持一种积极乐观的心态，会让他们觉得所经历的痛苦和困难都是非常值得的。经常会有一些人在无法参与一些重大的决策或者是无法迎接新的挑战的时候就会感到沮丧。如果这个时候没有相应的愿景，这些挫折就会变得毫无意义，就会削弱整个团队的干劲。但是，在树立了明确的愿景之后，这些所经历的艰难困苦就会变成不值一提的小事情，增加他们克服困难的信心。但是，我们也要注意不要过分夸大愿景的故事，否则后果也是非常严重的。

五、“行动中体现价值观”的故事

每个人都有自己的价值观，这是非常主观的一件事情。对于有的员工来说，工作中的正确价值观就是要做好领导所布置的事情，而有的员工则认为正确的价值观就是敢于指出领导的错误，要能够在错误的事情面前说“不”，即使因为这样丢掉了工作也是值得的。后者的价值观是更加激进的，如果你想要让一个人的价值观有所提升，也需要通过故事的形式，故事当中的那些主人公会起到一个良好的“示范”作用，以此来突出正确价值观所存在的意义。这样具体的案例就比那些假设的情景显得更加真实，不会给人以虚伪的感觉。

六、“我理解你”的故事

无论是在生活中，还是在工作中，我们都是喜欢一团和气的。尤其是在工作中，很多人为了团队的和谐，他们不喜欢去否定别人的观点，即使他们与某个人的观点有着很大的分歧，他们也不会站出来与之争辩，而是把它埋藏在心底，因为怕伤了和气。但是，如果能够将自己所要表达的观点融入到故事当中，首先要承认，然后再表示出自己的怀疑，亦即首先要对对方表示理解，让对方对你产生一种信任感，这样你就会在一片和谐的气氛中将问题解决掉。

生活中总是充满了故事，但是我们也要学会“取其精华，去其糟粕”，让那些有益的故事成为我们生活和工作中的“良师益友”。

如何选择那些有益的故事

的确，在我们的生活中存在着很多的故事，但是我们应该讲述那些有益于工作、有益于家庭以及有益于社会的故事。我们要让我们所讲述的故事传达出无限的正能量，能够让更多的人从故事当中获得帮助，以及懂得生活和工作的意义。

在工作当中，如果公司的老板想要和新员工建立信任，或者是和那些对公司有所不满的老员工建立信任，最好的办法就是通过自己的实际行动去一点点地建立起信任。“路遥知马力，日久见人心”，而信任也是建立在相互了解的基础之上的。因此，在长时间的相处过程当中，一定要树立起信守契约、刚正不阿的形象，因为这是建立信任的关键。当信任建立起来的时候，我们也要懂得去维护好不容易建立起来的信任，因为信任一旦破裂，修补信任所需要的时间比建立信任的时间更长。

我们需要故事达成和别人的合作。虽然你花费了大量的时间建立起信任的桥梁，但是很少能够有人看到你是怎样建立起信任的，他们不知道你是在什么时候通过什么样的方式在做着正确的事情。在现实当中，很少有人能够亲眼看到你是如何尽力信守契约的，你是如何去维护自己团队利益的，你为了保护团队付出了多大的心血。如果你没有把事情的经过告诉这些想要合作的人，那么他们也只能从日常的琐碎交往中去猜测你的为人。但是，他们经常通过你的一小部分言行来断章取义，进而对你产生一些不好的看法，最终影响到你们之间的合作。虽然你工作得很辛苦，但是你的真实品质却仍然被埋没了。

每天早上起床的时候，我们都希望自己的一天是美好的一天，但是事实却并非如此。在这一天当中，我们的心情就像过山车一样，会经历各种各样的起伏。

想安安静静地吃个早饭，熊孩子却总是捣乱；刚刚换好新衣服准备出门，却遭遇了狗的侵袭；好不容易出了门，却又在路上堵了很长时间。

好不容易来到办公室，你得知终于搞定了一位大客户的好消息，让你心情愉悦，准备在会议上和自己的团队好好庆祝一下时，你却看到了员工们在偷懒，于是你又决定在会议上对他们进行批评。最后，你原本愉悦的心情也因为这些偷懒的员工而消失。那么在会议当中，你就会把负面情绪传递给你的员工。

在这一天当中，虽然你的心情经历了各种变化，但是你的员工却不能够很好地感受到你的变化。他们能感受到的就是你在会议中对于他们的批评和纠正。在你高兴或者是高效率进行工作的时候，他们很少有人能够注意到你的，这个时候的你就像融入了背景一样，变得十分不起眼。但是当你对员工们进行纠正和批评的时候，他们才会注意到你的情绪，这个时候的批评就会造成比较负面的影响。

在如今的社会当中，如果我们只是单纯地依赖事实和数据，就会让情感推理变得无处发挥。如果你所讲述的故事缺乏目的性，就会在不经意间伤害他人的感受，影响你们之间的感情，从而使他们对于你的看法有所偏颇。他们也会因此而变得毫无目的，消极的想法就会喷涌而出，接下来就会面临一系列的失败。

故事不但要有目的，还要有人情味儿。其实，在你所讲的故事中就包含了你的人格，人们从你的故事中能够看出你的品质。就算是一个人们很少听说的事情，你在讲述过程中对其的情节增减以及你的态度和语调，都会影响到你想要传达的观点，影响到人们对于故事的理解。你要尽可能地展现出你的人情味儿，比如多关心一下员工的进步与否，多关注一下企业的成长以及其他方面的事情。

在很多企业当中,员工对于领导所做出的决策都是具有抵触情绪的，这是因为他们不够了解工作流程，或者是缺乏宏观印象。如果领导能够在故事当中清楚地交代重要决定的形成过程，加上具体的决策人、决策时间以及决策地点等这些细节，将事情详细地展现在员工面前，让员工能感受到整个决策的细枝末节，他们就会感受到你的不容易，那么你和他们之间的信任就会逐渐地建立起来,你无须用过多的语言去进行教导、解释，就会让员工信服你的决策。这样，在之后的决策中，就算你没有时间去尽心详细地描述，根据以往的经验，员工们也会相信你所做出的决定是经过深思熟虑的。

这就是有益的故事所带来的力量。我们可以通过故事来改变别人对自己的看法，使我们的工作变得更加顺畅，使我们所做出的决策具有影响力，使人们能够更好地信服我们。

最好的开场白是用故事引出话题

为了能够更好地将故事的真实感以及自然性展现出来，就需要将故事展开，进行详细的说明。只有充分获得了对方的信任，故事的力量才能得以充分发挥。因此，我们在讲故事时一定要注意故事的真实性，而能够让故事得以真实体现的最好的素材就是“我自己”。

在各种企业的代言活动中，企业的掌门人来代言品牌已经不是什么稀奇的事情了：陈欧为自己代言，为自己的“聚美优品”代言；董明珠强势霸屏，成为格力手机的开机画面；退休之后的史玉柱欣然做起了“网红”，卖力地为脑白金进行宣传……

这些资产过亿的大佬为什么会如此青睐于为自家的品牌代言呢？他们是为了走红、为了上镜，还是没有充足的资金来找一个明星大腕进行代言呢？

对于这样的问题，格力总裁董明珠是这样回答的：“为什么我要自己出来打广告？很多企业喜欢用明星代言，但是我不喜欢。因为我对消费者承诺，有问题找我！”

董明珠的回答应该是最具有代表性的，用企业的老板来代言，就更增加了产品的真实性，企业的老板亲自做担保，也就更增加了消费者对于产品质量的信赖，体现了企业的一种承诺以及企业的责任心。除此之外，把公司的品牌和创始人形象联系起来进行宣传其实是一个非常不错的品牌战略，在对产品的宣传当中，能够更加容易引起人们的共鸣和欣赏。或许，在将来，这种品牌和创始人合一的传播模式会成为主流模式。

虽然这么多领域的大佬们都为自己的产品代言，但是在中国的汽车领域却很少有这样的案例。于是，作为长城汽车的董事长、WEY 品牌的创始人魏建军就独辟蹊径，在上海车展上宣布自己为 WEY 品牌的代言人。

魏建军从事汽车行业已经有二十余年的时间了，在这之前的魏建军做事低调、不善言辞，是很少接触媒体的。这次选择走到霓虹灯前，或许从他的广告中我们可以找到答案。

“让一个习惯拿捏分寸的人，自满也难，因为对自己，我永远都觉得还有余地，别人说是谦虚，其实是一种自我保护。但这一次，我决定让自己站在台前，不留退路，赌上一些不该赌的珍惜，人也变得更加严厉，不通人情。

“有人觉得我太偏执，沉迷于这样那样的细节，但我知道，要做好一件事，必须身体力行。

“WEY，不只是一辆车，更是一个开创者。从 WEY 开始，豪华不再是那些浮夸的炫耀，从 WEY 开始，安全成为一切豪华的前提，而从 WEY 开始，更多的人能把豪华握在手里，把要说的话，都放进车里，坚定地，走在前面。”

这段话是 WEY 品牌广告片《WEY》中的男主、WEY 品牌创始人魏建军在片子中的独白，同时也是魏老板的内心真实独白。在这段话当中，魏建军不仅说出了自己走到台前的原因，同时也将自己的故事融入到自己的汽车品牌当中，可以说这是一个令人感动至深的故事。

其实，已经 53 岁的魏建军一直是中国品牌 SUV 的忠实开拓者，在他的带领下，长城企业在过去二十多年的时间里实现了一次又一次的跨域，从皮卡到CUV再到如今的百万哈弗，可以说魏建军的每一步都走得十分艰难，但是更加坚定。对于魏建军来说，用自己的姓氏命名的WEY可以说有着重大的意义。

WEY的诞生，不是魏建军的自满，也不是为了名声，可以说这是魏建军的一次“赌博”，赌上了自己的姓氏，赌上了在二十余年当中获得的成就和荣誉，将自己的所有身家都赌上了，没有给自己留下后路。与此同时，WEY不仅是每一个像魏建军一样的老汽车人的梦想，它更是魏建军立志打造中国豪华SUV的梦想和决心的重要体现。

其实，这恰好是魏建军的高明之处。在他看来，价格并非是影响品牌豪华程度的重要因素，只有用户的体验和认可才是对品牌豪华程度的最大认可。魏建军用自己的故事为WEY创建了一个品牌故事。与此同时，用“自己”作为素材，增加了故事的真实性，收获的是受众的信任和感动。

站在“长城”之上，WEY已经蓄势待发，而魏建军对于它的期待就像广告词一样，“从WEY开始，更多的人把豪华握在手里，把要说的话，都放进车里，坚定地，走在前面”。魏建军和WEY一起开创了中国汽车制造行业的新篇章，同时也为长城2020年实现销量200万辆，成为全球最大的SUV品牌迈出了更加坚实的一步。承载着希望和梦想的WEY会走得越来越远，它的故事也会深入到更多的听众当中，它的品牌也将会深入到消费者的心中。

可以说，魏建军用自己的亲身经历为品牌创建了一个好故事。但是，作为故事本身来讲，仅仅拥有自身的经历是远远不够的。因为自身的经历是不可能和故事中的每一个主题都相符合的。即使一个人的生活十分丰富多彩，也无法将世间的万物都一一体会到。因此，我们就需要各种间接的经历，以此来丰富我们的想象力。

书籍和影视作品成了我们积累间接经历的最好方式。书籍和影视作品当中有着许许多多的事件和案例，我们通过借鉴它们，使自己的故事更加丰富多彩，从而拨动听者的心弦，给予他们更多的感悟。

书籍和影视作品中那些让人印象深刻的文字和台词，几乎都是以自身经历为背景所创造的。韩国有一位著名的主持人江浩东就是这方面的典型人物。江浩东以通顺连贯的主持方式而闻名，他在主持节目的时候经常会根据不同的情形加入不同的名言，从而为嘉宾的发言增加效果。

那我们该如何积累更多的间接经历呢？积累间接经历的关键是要找到能够和自己想要传达的信息密切相关的故事，听者在听到和自己处在同一个环境当中获得成功的故事，就会很快地产生共鸣，能够将自身融入故事当中。

肯德基，我们大家应该都很熟悉，肯德基最明显的标志就是它的牌子上有一个老爷爷的漫画形象。那么这位穿着西装、打着领带、带着使人愉悦的微笑、和蔼慈祥的老人是谁呢？

这位银发老人就是肯德基的创始人哈兰·山德士。他曾经是一位十分受人尊敬的上校，因为战争的原因导致他破产，从受人尊敬的富翁变成了一文不值的穷人。破产之后的他已经66岁了，只能依靠每个月105美元的救济金艰难度日。而就是在这样的情况下，让人意想不到的是他又重新开始了自己的炸鸡事业。破产之后的山德士并不想就此度过自己的余生，于是他再次迎接挑战，在年近古稀之年奇迹般地创造了世界上最大的快餐连锁店肯德基。

在创业的过程中，山德士也是经历了种种的困难和波折。在最初创业的时候，他决定卖掉制作炸鸡的方法，于是他就带着珍藏的炸鸡秘方去了全国各地的餐厅，但是他却遭到了1008家餐厅的拒绝。在这两年多的时间里，山德士每天的饭菜都是用来进行宣传的鸡块，每天晚上都是在车站中度过的。虽然他遭遇了1008家餐厅的拒绝，但是山德士从来没有放弃过。在他的不懈坚持下，他终于在推销到1009家餐厅的时候卖掉了炸鸡秘方，之后便有了火遍全世界的肯德基，山德士也因此获得了巨大的成功。

尼采曾经说过：“任何没能杀死我的苦难，只会让我变得更强。”对于山德士的一生，用这句话形容可以说是再合适不过了。

而对于自己的人生经历，山德士曾经这样说过：“你所遇到的困难，并没有什么大不了的。”

这种在经历无数失败之后获得成功的励志故事，经常会给听众的心灵带来强烈的震撼。山德士的故事可以说成功地印证了在晚年挑战新鲜事物的主张，或者是年龄只不过是个数字而已的主张。这样的成功故事往往能够让你的观点显得更加有力。

饱含着真心话和亲身经历的故事，比那些拥有流畅、华丽语言的故事更具有说服力，尽管它们看似普通，却能够更好地穿透人的心灵，走进人们的内心世界。

讲好故事的九个习惯

亚里士多德曾经说过："为了达到卓越的目标，就必须具有良好的习惯，并为此付出不断的训练。"的确，养成一个良好的习惯对于我们的生活、学习、工作都有着十分关键的作用。对于一个卓越的故事家来说，同样也需要一个良好的习惯。

如果想让我们的故事能够抓住对方的心理，达到自由摆布人心的目的，我们就必须养成在平日里勤奋搜集"材料"的良好习惯，并且及时进行处理材料的训练。想要做到这些，就必须做到以下几点：

一、观察

罗丹曾经说过："生活中不是缺少美，而是缺少发现美的眼睛。"由此我们可以看出，能够有敏锐的洞察力是非常重要的。

其实，人的一生就是由无数个片段式的小故事所组成的。俗话说："现实比小说更有戏剧性。"这句话是再真实不过的了。也许其中会有很多相似的经历，但是经过不同人的讲述，就会呈现出不同的版本，它们有可能成为一连串的感伤，也有可能成为一篇饶有兴趣的长篇小说。

要想让自己的素材变得更加活灵活现，就需要在现实生活中具备足够的观察力，让自己的材料更加"现实"。这就像观察东西一样，我们用望远镜和显微镜所获得的结果肯定是不一样的，但是运用它们却可以将事物全面地展现出来，让我们发现事物的不同方面。因此，在日常生活中养成仔细观察的习惯，是能够发现事实并且赋予其更多意义的基础。

要想在生活中发现故事的素材，就要像蚂蚁一样，时刻竖起自己的触角，发散自己的嗅觉，不要错过每一道“精美的食物”。就像我们在路上偶然听到的一个对话或者是朋友聊天中无意说出的一个笑话，这些都是可以成为让人惊艳的故事的。

二、做笔记

韩国小说家金爱兰的短篇小说《纸的鱼》当中有这样一个故事情节：

在首尔的一个小区里住着一个梦想当作家的男子，他每天都在苦思冥想如何才能写出一篇优秀的小说。有一天，他房间内的一张便利贴在空中飘动。男子忽然从便利贴中得到了灵感，每天在便利贴上将当天所获得的话题写成一篇文章并贴在墙上。一天、两天、三天、四天……随着时间的推移，在他的墙上贴满了写着故事的便利贴。男子看着这些用写着故事的便利贴贴成的“小说墙”，感觉心里非常充实。

这个故事从主人公的独特思想出发，进行了一系列的创作。故事当中那个充满话题的屋子和读者产生了强烈的共鸣，通过这样一个设定，激发了那些想要讲故事的人的积极性。

我们经常会说“好记性不如烂笔头”。在小说当中，我们可以看出主人公身上所具备的成为故事家的良好习惯。小说中的主人公想要成为一名优秀的小说家，他并不是瞎写一气，而是按照一定的方法去写故事，墙上的便利贴也是按照一定的原则去排列：1 号墙—印象深刻的章节；2 号墙—自己人生的故事；3 号墙—思想、想法；4 号墙—周围发生的故事；天花板—利用 1 至 4 号墙上的素材所创造的新的故事。可以说这样的一个原则对于那些寻找故事的人来说也是有着非常大的帮助的。

每一个感动的故事都不会从天而降的，这就需要我们学会在平时的生活中利用自己的闲暇时间去搜集材料，但又不能漫无目的地去进行，因为那样搜集的材料对于故事的产生是没有任何帮助的。为了能够让素材都有用，我们需要一个系统的搜集和分类的方法，故事中主人公所采用的方法就是值得学习的。如果他仅仅是把好的想法随意写在便利贴上，没有按照一定的程序去粘贴，那么他也不会成为一个实用的便利贴。所以说，我们要学会将自己搜集到的有用的材料按照自己的需求去进行分类。

举个例子来说，我们可以按照“好笑的故事”“感动的故事”“恐怖的故事”“悲伤的故事”“励志的故事”这样的方式来进行分类。但是如何将主题进行分类还是要根据个人的需求而定。在我们的日常生活中总是会有无数的话题和素材，我们一定要将其进行一个系统的分类，充分调动起我们的观察力，把看到的、听到的、想到的事件及时地记录下来，让自己拥有一个巨大的素材宝库，这样才能够充分发挥它们本身所蕴含的价值。

三、详细地描写

我们首先来看两个故事：

故事一：罗马皇帝尼禄在位期间发生了一场大火灾。

故事二：公元64年，罗马发生了一场大火，烧毁了大半的灿烂文化遗产。但是在城市被熊熊的火焰包围的时候，皇帝却在弹奏乐器。他就是尼禄皇帝。

同样事件的两个故事，你会觉得哪个故事更加生动呢？答案肯定是后者，因为后者的描写更加详细，让人们获得了更多的信息。但是这种具体详细的描写和冗长是不同的，这样的描写是为了能够让听者在脑海中形成一个更加细致的画面。具体的时间、地点、人物、年份等在描写中都是需要详细交代的，是描写中不可或缺的重要因素。

如果在故事当中出现了一个假想的人物的时候，就需要对其进行特定化的描写，就要将人物的信息描写得更加详细具体，同样会增强故事的真实性。就好比“一个大学生的故事”和“学号 69 文学系林丽学生的故事”，这样不同的描写给人带来的感受肯定是不同的。对于前者来说，它仅仅只是交代了这个人物的身份，就像一张没有五官的脸，给人一种模糊的感觉。而后者则是在这张脸上加上了眼耳口鼻，使其更加立体，给人一目了然的感觉。所以说，对于事物进行具体详细的描写，会让你的故事更加生动立体。

四、构建角色

在当下，真人秀节目可以说是十分盛行，无论是电视还是网络当中都被各种各样的真人秀节目所占据。但是在众多的节目中，让人印象深刻的却寥寥无几。

对于真人秀节目来说，其重要的主线应该是节目当中的人物。无论这个节目是综艺类、体验类或者是养生类，它的核心内容都是节目中的人。基于这样的原因，在制作真人秀节目的时候，其中的人物塑造问题都应该是节目组十分重视的问题。但是，当前的很多真人秀节目却恰恰忽略了这一点。相较于人物的塑造，这些节目反而更加注重的是环节的设置、游戏的进行以及舞台等这些外在的包装因素。因此就形成了当前真人秀的一个普遍弱点模式之下，人物模糊。虽然在一个好的模式下能够引起巨大的关注，但是在人性特点不足的情况下，还是很难给观众留下深刻的印象，虽然有着良好的噱头，但是节目却不会长久。而像《爸爸去哪儿》《奔跑吧兄弟》这样的节目既能够红极一时，又能够给人们留下深刻的印象，关键就在于人物设定上的突出表现，节目中的每一个人物都有着独特的个性以及标志，让人印象深刻。由此可见人物塑造的重要性。

五、了解对方的现状

不管一个故事多么精彩，如果这个故事和听众毫无关系，就不能很好地吸引他们的注意力。只有让听众产生这样的感觉那件事不就是我的故事吗？才能够极大地激发他们潜在的强大注意力。但是想获得这样的结果，首先要做到的就是弄清楚对方的状况。

为什么有的历史剧能够受到欢迎呢？为什么这些几百年前的故事能够牢牢抓住现代人的心理呢？因为生活在当下的人们总是存在着想要穿越时空的想法，他们对于自己没有生活过的年代总是存在着好奇，想要去了解那个年代的生活状况。也就是说，我们在当前的生活当中普遍存在着想要转化时空的情绪和感情。

无论是在三国时代、隋唐清时代、当今社会还是遥远的未来世界，亦即无论生活在哪个时代的人，对于生活都有着共同的主题对于爱情的追求、金钱的向往以及权力的崇尚。其实，那些古装剧看似讲述的是古代的故事，当中的很多元素也都是饱含着现代气息的，同样能够让我们找到当今社会的影子。

对于讲故事来说也是一样的。不管什么样的故事都应该和听众所处的“现状”相结合，这样才能充分发挥故事的力量。就比如你在一个为了追求希望而疲惫不堪的人面前讲述关于希望的事例，那么就会帮助他重拾信心，继续勇敢地去追求自己的梦想。这样你所讲述的故事就不会是一个无用功。

六、有系统地演练

在讲故事之前我们需要对故事进行一个系统的练习，这对故事良好的呈现是非常有帮助的。将故事的要义、人物关系、突出主题都要整理好，这样才能讲出流畅、生动的故事。

所以说，我们在讲故事之前，需要提前构建好一个哪怕是比较简单粗略的脚本，并进行排练。这对于一个不具有天赋异禀的故事家来说是十分必要的。如果你反复地进行这些练习，那么你讲故事的能力也就会不断地提高，直到有一天你会发现，即使你不再进行大量的练习，也能够将故事的结构和起承转合处理得很好。

七、快速进入“场地”

在讲故事的时候，如果能够快速地进入故事的“场地”，就能够牢牢地抓住故事的主题，那么你也能够迅速地将自己想要传达的观点传递给对方。一般情况下，一个话语啰唆的人经常是讲了半天的话却仍然在原地兜圈子，这就会让听者产生厌烦的情绪，你所说的大量的圈外话也会让听者的心理期待数次落空，就算之后的故事再精彩也很难引起他们的兴趣，你的讲话也不会达到你想要的结果。

八、原因倒置

原因倒置是能够让你的讲话产生戏剧性的效果的。当讲述人在使用原因倒置的技巧的时候，经常会让听众恍然大悟，引起人们的思考。

九、注意第一句话的重要性

“好的开始是成功的一半”，对于讲故事来说也是一样的，讲故事时第一句话的语音、语速、语调是非常重要的。如果你的第一句话讲得好，就会成功地将听众的注意力吸引过来，这对于之后的陈述是非常有利的。所以说，在讲话之前一定要让自己的心态平静下来，在气定神闲的状态下去演绎你的故事，切忌慌慌张张地开始你的故事。

每个人都不是天生的故事家，都是需要通过不断的努力和练习才能够成功的，即使是有着超强天分的人，也同样是需要巩固的，只有在这样的情况下，天分才能更好地展现。

第四章

把对的故事，讲给对的人

讲一个直至人心的好故事

凡是感人的故事，都会让听众有一种置身其中的感觉，经常会从故事中的人物身上找到自己的影子，从而游离于故事和现实中。

电影《爱乐之城》讲述的是发生在洛杉矶的一个爱情故事。米娅是一个不知名的小演员,但是梦想自己能够成为一名伟大的演员兼剧作家。她是华纳兄弟片场的一位咖啡师，但是她却经常翘班去试镜，也经常会因为接到一些哪怕是很小的角色而欣喜若狂。塞巴斯蒂安是一名爵士钢琴师，对艺术有着近乎洁癖般的追求。他的梦想是开一间俱乐部，但是他所痴迷的音乐更加适合博物馆，几乎没有人愿意花钱去听他的音乐。为了生存下去，他不得不违背自己对于艺术的追求，加入了一支流行爵士乐队，在尖叫的观众面前摆弄着音乐合成器。同样追求梦想的两个人相遇之后，碰撞出了爱情的火花，他们相互扶持、相互鼓励，共同追求毕生的梦想。整个电影并没有什么太出奇的地方，但是它却赚足了很多人的眼泪。

原因就是它的故事能够让人们置身其中，说出了很多追求梦想的人的心声，电影中所表现的场景，也正是那些追求梦想的人的真实经历，这样的画面能够让人更容易融入其中。而影片中的爱情故事也是感动了很多人。当两个怀揣梦想的年轻人，经历了热恋、争吵，但是他们却对彼此的梦想和才华深信不疑，总是在关键时刻相互鼓励、相互打气。当其中的一方有了更大的舞台的时候，另一方选择放手，让其可以尽情地去追求自己的梦想。当两人都完成了自己梦想的时候，两个人只是相视一笑，祝福彼此。这也正是本片最能够击中人心的地方。尤其是在电影的结尾，男主角在意念中和女主角完成了“爱情团圆”的这一幕更是感动了无数人。

这部电影所呈现出的关键词就是“放手”和“成全”。在大多数的爱情电影中，剧中的主人公都是以厮守一生作为最高追求的，就像《泰坦尼克号》中的罗丝和杰克。他们之间的爱情虽然有阶级、世仇等障碍，但是他们却愿意冲破这些阻碍，希望能够相守一生。这是一种理想化的爱情，这样的爱情故事也很感人，但是会让很多人感觉到这是一种不现实的爱情，很难真正地走进人们的内心，是无法击中更多人的内心的。

而《爱乐之城》却传达出了一种新的爱情观，当你真正爱一个人，有的时候，放手去成全对方，让彼此都能够实现自己的梦想，不要让爱成为一种束缚，彼此过得都更加幸福，这样的爱情也是一种伟大的爱情。这样的爱情故事也就会更加感人。

无论是爵士乐演奏家还是一名演员，都处在社会现实中，能够被人承认和欣赏，是实现人生最直接的注释。《爱乐之城》用一种淡淡的处理方式来渲染以往电影中浓墨重彩的爱情，让爱情在两人追逐梦想的过程中逐渐淡化，这样一个梦想大于爱情的故事，也深深地感动了深处在现实社会中的人们，获得了众多观众的喜欢和认同，因为它符合时下很多人对于爱情和事业取舍的态度。

不管是洛杉矶，还是北上广，抑或是唐朝时期的长安，大城市始终是人们所向往但又畏惧的地方，这里为实现梦想提供了无数的机会，但是想要真正在这些大城市当中落脚，却是一件非常难的事情。在追求梦想的过程中，必然要放弃很多的梦想，其中也包括爱情，这是非常艰辛的一段旅程。《爱乐之城》却用一种乐观和更加理性的态度，让痛苦的放手和分离在音乐和歌舞中变得不那么让人痛彻心扉，让奋斗中的人们幡然醒悟，从而放下对爱的执念，重新开始新的生活。

《爱乐之城》虽然没有太多的波澜起伏，也没有太多的技术特效，仅仅是用简单的歌舞和简单的爱情故事，就囊括包括奥斯卡在内的众多大奖，同时还获得了众多观众的认可，就是因为他们的故事能够走进每个人的心中，让每个人都能从中有所悟，让人们懂得了爱情不是一个人的全部，除了爱情，我们还有亲情、友情、工作和梦想。

我们不难发现，凡是那些讲故事的高手，都是十分擅长将听众拉入到故事中的，将人们所有的质疑或者惊喜都随着故事的进展而进展。而能够让听众深深地融入故事中的最好办法就是直击他们的内心，心灵永远是人们最软弱的地方，但同时也是最难击破的地方。也因此，能够直击人们心灵的故事必然是一个感人的好故事。

见什么人说什么话，好故事要因人而异

一个好故事，需要一个好的讲述人，同时需要一个好的倾听者。不同的人是需要不同的故事的，只有这样，故事才会产生巨大的能量，所以说故事要讲给合适的人听。

姜文的电影《一步之遥》在上映的第一天，就传来了铺天盖地的质疑声，无论是普通观众，还是专业影评人士，都对电影做出了负面的评价。在面对质疑的时候，姜文却很轻松地说："我听过一个故事，有个走南闯北的老人，快 70 岁了还没结婚，有人问他原因，他说：'我在寻找一个完美的女人，娶她为妻！''你走过五湖四海，难道就没有一个你认为完美的女人吗？''遇到过一个，我激动了好一阵子，那可是绝无仅有的一个啊！''那你为什么不娶她呢？''唉！她说她要去寻找一个完美的男人！'你觉得这故事荒唐吗？一点都不荒唐！没有人是完美的，老天爷下个雨还有人叫好有人骂呢！我觉得，质疑比盲从要好，那些现场观众和网友的表现都是真实的。有些评论者，他们是在谈电影，所以我不能反驳一批不得，谁还理你？但有些人不看电影也谈，可能是他们想找个借口发泄一下，这更犯不着较劲。那怎么办？我拍了半辈子电影了，只能一步一个脚印往前走，明天的事明天再说，先不去想它。

只要你认真去对待这个舞台，总会有人为你喝彩。”

在面对别人的质疑声的时候，姜文用一个故事维护了自己的尊严，同时也表达出了自己对于艺术的执着追求和热爱。

好故事也是要因人而异的，要根据不同的人进行。在对消费者讲故事的时候也是如此，我们要根据消费者的心理需求讲故事，面对不同的人就要讲不同的故事，这样就会拉近他们和产品之间的距离。这样讲出来的故事就会赋予品牌特殊的内涵和象征意义，让听众对品牌产生信任，从而在心中留下美好的印象。

2006年5月11日，易物网正式成立，这是一个以物品交换物品的平台。交换的过程非常简单，用户在网页上录入并发布可以交换的物品，并且找到想要交换的物品，给对方留下详细的咨询信息，在产生交换意愿之后发出正式的交易请求，当对方同意进行交换之后，双方在线完成交易。每次交易成功之后，可以获得1000个易物币，易物币不存在交换价值，只是交易资历的一个证明。

简单来说，你有一辆自行车，但是你想换一辆电动车，那么易物网就可以实现你的愿望。办网站是非常烧钱的，需要投入大量的资金。浏览量和点击率是维持网站正常运营的必要因素。要想让易物网的点击量和浏览率增加，就必须做到人尽皆知，而能够快速地被人们熟知的最好办法就是讲故事。于是，它的创始人朱杰就想到了“别针换别墅”的故事，并让这个故事在网络上流传开来。

一个名叫凯尔·麦克唐的加拿大人，梦想着有一座自己的大房子和大城市里的美好生活，于是他就到了纽约来追寻自己的梦想。梦想是美好的，现实却总是残酷的。在现实生活中，他只是一位送比萨的外卖员，靠微薄的薪水想要买一座大房子是非常困难的。但是，生活总是公平的，也是充满传奇的。

一天，凯尔从祖母的杂货堆里偶然发现了一枚红色的回形针，回形针很漂亮，于是他就带回了纽约，并且在美国著名的分类广告网站贴出了交换广告。这是一个长达0.3米的回形针，颜色也很鲜艳，马上就吸引了一对姐妹的目光，她们希望用一支别致的鱼形笔进行交换。凯尔十分高兴地和她们进行了交换，完成了回形针的第一次交换。

接着，凯尔又把这支鱼形笔登上了分类广告网站，又换回来了一个陶瓷艺术家制作的可爱的小手工艺陶器，接着又用陶器换回了一个烤炉。由于交换到的东西越来越贵，也让他意识到了交换的好处，于是他就一头扎进了交换当中。

很快，烤炉就被一个大男孩用一桶啤酒换走了；紧接着一位喜欢喝啤酒的人又用一辆雪地摩托车将啤酒换走。这令凯尔觉得非常不可思议，一枚小小的回形针竟然换回了一辆雪地摩托车。

凯尔的交换过程也引起了多家媒体的关注，他们纷纷对此事进行了报道，而这又引起了一家旅行杂志的注意，他们用一次旅行来换取这辆雪地摩托车；而旅行爱好者又看中了这次5000千米的旅行，就用一辆大货车来进行交换。凯尔又用大货车获得了一家唱片公司的一纸合约，这让凯尔十分惊讶。而更加神奇的事情很快就出现了，一位名叫乔迪·格南特的落魄歌手非常需要这份合约，于是就用自己别墅的一年居住权来换取这份合约。

用别针换回了别墅，这件事很快就让凯尔成了新闻人物，被很多电视节目争相邀请，他还为自己的经历写了一本书，而他的故事又成功地吸引了好莱坞导演，可以说他离自己的梦想越来越近了。

凭借这样一个真实的故事，一个“别针换别墅”的真实传奇，让易物网用了一年的时间，就创造了流通物品总量接近5万件，在网上流通的货物超过2.5万件，交换成功的物品5000余件这样一个奇迹。凭借一个故事，让易物网彻底地火了。

易物网在给消费者提供交换的平台，实际上也是在给自己提供一个机会，讲述“别针换别墅”的故事也是提供了品牌的附加消费。故事让品牌和消费者之间进行了沟通，在交流的过程中，消费者的需求得到鼓励和肯定；故事让一个简单的产品变成了一种价值观，而消费者想要购买的其实就是产品的价值观。当你用故事打动了消费者，你的产品就会打动市场，这就是故事的魅力。

海尔总裁张瑞敏说：“我认为，管理者管理的不是资产，而是人，因为人才是最有价值的。实际资产不可能增值，但是你又想让它增值，就得靠人。”企业的发展离不开员工，但这并不意味着有足够的员工就可以了，张瑞敏还强调过：“文化有很多是可以借鉴的，你怎么说都行，但是说到家，就是怎么调动人的积极性，这才是非常不容易的一件事情。”

讲故事，就会把这件困难的事情变得容易起来，通过讲故事来树立员工的危机意识，进而激发他们的积极性。

全球著名的GE公司就是这样的一个高手，在企业界流传的狩猎的故事就是出自它的董事会。在董事会上，GE的董事长讲述了这样一个故事：猎狗在一次狩猎中，正在追逐一只野兔，结果猎狗费尽力气也没能追上野兔，猎狗问：“为什么我的体形比你大得多，力气比你大，却怎么也追不上你？”野兔回答：“那是因为我们奔跑的目的不同，你只是为了饱餐一顿，而我则是为了生存而奔跑！”

GE不仅在董事会给企业的高管讲故事，他们还把这个道理演绎成了更加丰富的故事，于是就有了狮子和羚羊的故事。GE把“狮子和羚羊”做成招贴画，贴到公司的宣传板上，让员工时刻被狮子和羚羊的对话警示着，让他们始终保持危机意识，时刻提醒自己不能松懈。

企业就像野兔一样，为了生存就需要不停地奔跑。企业是不能安于现状的，在树立员工危机意识的时候，还需要用故事来给企业树立一个积极向上的形象，提高员工的积极性，提高员工的工作效率，为企业创造更大的经济效益。

你的故事打算讲给谁听？

一个企业要想获得成功，不仅要将故事讲好，还要将故事讲到点子上。企业要想获得消费者的好感，就要详细地了解客户。俗话说，知己知彼，百战不殆。了解的过程也是一个漫长的过程，这样才能了解得更加透彻。同样的企业要想让故事讲得好，就必须了解听众的心理需求，就要对客户有一个正确的分析，这样才能将故事讲到点子上。

品牌所讲述的故事，不仅是一段真实的“文字”就可以，而是要将品牌的价值和受众群相结合，并运用广告、宣传海报等方式进行传播，这样才能达到一个真正有效的表达。但是，企业的定位并不是一帆风顺的过程，在定位的时候也有犯错误的时候，成功的事情都不是一蹴而就的，都要有一个循序渐进的过程。万宝路的成功就证实了这样一个道理。

20世纪20年代，由于世界大战的影响，美国也是一片狼藉，发展也陷入了迷茫期，这样的迷茫在年轻人中表现得更是非常严重，当时美国年轻人被称为是“最迷茫的一代”。因为战争，很多美国的民众都认为自己受到了伤害，尤其是精神上的伤害，于是他们就寻找各种方法来弥补创伤。对于年轻人来说，他们坚持认为只有摇滚乐和香烟才能冲淡这种伤害，认为放纵才是最好的治疗方式。而这样的行为也受到了那些时髦女性的认可，她们认为及时行乐才是最重要的，因此常常在注重穿着打扮的同时，借助香烟和酒精来麻痹自己，去追求醉生梦死的感觉。在这种狂乱和颓废的社会风气之下，越来越多的女人开始吸烟，女烟民的数量开始激增。

很多女人都涂唇膏，纸质的白色烟嘴经常粘在她们的嘴唇上，经常把涂得十分漂亮的嘴唇弄得面目全非，这引来了很多女士的抱怨。美国的烟草制造商菲利普·莫里斯在听到这样的抱怨之后，在1924年决定生产一种专门符合女性口味但是不会沾染到她们唇膏的香烟，这款香烟就是“万宝路”。他把万宝路定位为女士香烟，并向大众开始宣传。

菲利普·莫里斯公司为了能够让大众接受并喜欢这款香烟，下足了功夫，做了非常多的工作。为了能够和女烟民的脂粉气相符合，他们就为万宝路讲述了一个故事，以此来获得女烟民的好感。为了解决白色烟嘴沾染唇膏的问题，菲利普·莫里斯公司就将万宝路的烟嘴染成了红色。他们还将万宝路的品牌名称“Marlboro”拆分成为“Men always remember ladies because of romance only”（因为有浪漫，所以男人总是忘不了女人），让万宝路成了女烟民的“知己”。

菲利普·莫里斯公司虽然针对女性的需求对万宝路香烟做出了各种改良，但是没有得到他们想要的销售奇迹。万宝路女士香烟始终默默无闻，一直延续到了20世纪50年代，造成这种现象的原因是什么呢?

万宝路香烟虽然树立了温柔的品牌形象，确立了明确的市场群体，但是由于受众群体狭窄，市场需求难以扩大，并没有给女性消费者留下深刻的印象。这种品牌形象定位很难引起巨大的反响，因此是一次错误的形象定位。

在找到失败的原因之后，菲利普·莫里斯开始重新对万宝路进行定位，在策划人的建议下，万宝路塑造了一种具有男子汉气概的定位，摆脱了之前的脂粉气息浓厚的香烟。在包装上也进行了一系列的改变：烟盒采用了平开盒技术，将 Marlboro 由原来的标准字样变成了尖角化的字样，从而使其更加具有男性魅力；外烟盒的主要颜色为红色；广告的主角也从柔弱的女性形象变成了铁骨铮铮的硬汉形象，先后尝试过马车夫、潜水员、农夫等形象，最后采用了美国公仔这个形象：目光深沉、皮肤粗糙、袖管高高卷起、露出多毛的手臂，浑身充满了雄性荷尔蒙，将粗犷的男人气概表现得淋漓尽致，将万宝路的形象地位表现得一览无遗。

在经过重新定位之后，万宝路很快就扩大了市场需求，硬汉形象也受到了诸多男性消费者的欢迎，出现了销售的顶峰，仅在1954—1955年间，销售量就提高了三倍之多。经过多年的发展之后，万宝路的市场占有率达到了全世界香烟市场的四分之一，成为世界香烟第一品牌。重新定位之后的万宝路获得了巨大的经济财富，同时也将品牌效应进行了无限扩大。

通过万宝路的成功，我们可以得出这样的启示：一个企业只有充分了解市场需求，做好受众定位的分析，从而确定好自己的目标人群，这样才能做到有的放矢，才能避免做无用功。对于一家烟草公司来说，对于消费者的需求研究是必需的，毕竟不同的人吸烟的目的也是不同的：有的人吸烟可能就是为了放松，通过香烟来排解压力；有的人可能就是为了表现自己，觉得吸烟是一种很酷的行为；有的人吸烟则是为了某种社会交际。因此，讲好故事一定要建立在受众的需求之上，这样才能最大限度地满足消费者的需求，才是企业获得成功的关键。

可口可乐公司之所以能够长期占据饮料行业的霸主地位，就是因为它有着清晰的受众定位，而且最大限度地满足消费者的心理需求。他们会不断地在口味上进行创新，在包装上也是尽力满足消费者的心理需求，经常会根据时代的变化或是各种节日以及某种盛行文化做出各种各样的包装瓶，比如针对圣诞节做出的礼花瓶，根据社会潮流做出的昵称瓶、台词瓶、歌词瓶等，而最近它又根据时代的变化做出了自拍瓶，非常符合现代年轻人的生活潮流。

自拍瓶盖是在传统可乐瓶盖的基础上进行改装的，即在原来的瓶盖上做了一个小凹槽的设计，将瓶子变成了自拍杆，人们只要手中有一个可乐瓶就可以随时随地拍照。除了自拍瓶盖之外，还有一款自拍瓶，这款自拍瓶是在可乐瓶的瓶底安装一个内置相机和感应器，当人们拿起瓶子喝可乐，在瓶身倾斜到 70° 的时候，相机快门就会被自动激活，就会拍下你喝可乐的一瞬间，所拍出来的照片会第一时间同步到你的社交网站上。每张照片上都会印有可口可乐公司的 LOGO，可以进行很好的广告宣传。

一项研究显示，女人每周花在自拍上的时间就有 5 小时，而每天上传到社交网站上的自拍照更是不计其数。自拍可以说是现代年轻人生活中不可或缺的一部分，而可口可乐推出的自拍瓶正好满足了消费者的这一心理需求，同样也符合它年轻受众的定位，这也是可口可乐公司能够长盛不衰的原因。

找合适的人“试听”你的故事

我们要想检验自己故事的好坏,就要将自己的故事讲给合适的听众。因为创作故事需要自己的想法，如果将你的故事讲给别人听，从听众那里就能得到更多的想法。在你向别人讲述故事的时候，你和听众之间肯定会产生互动，从互动当中你能够了解到听众所需，从而让自己的故事更加完美。如果你不去把自己的故事讲给别人听，就得不到互动，你的故事内容也就会非常低调。在练习讲故事的时候，我们应该如何找到合适的人来“试听”自己的故事呢？应该如何“试听”才能达到理想的效果呢？

在你第一次向别人讲故事的时候，可以找一些比较熟悉的人，比如你的家人、朋友、爱人等，因为这些人都是比较了解你的人，他们知道应该如何提出中肯的意见，让你的故事更加完美。而且这些人和你比较亲近，即使你的故事很糟糕，也不用担心他们会嘲笑你，这样就避免了你的自信心受到打击，从而让故事更好地继续下去。

从亲朋好友那里得到反馈，让故事得到进一步改善之后，我们可以将故事讲给自己的同事或领导听，在上班的地方讲，从他们那里获得不同的意见，从中寻找到在团队中讲故事的方法。

在这个过程中需要注意的是，无论你讲故事的水平怎么样，都不能因为不成熟的反馈影响到自己的故事。有的人会以“我能提个建议吗”这样的形式来进行反馈，在很多情况下，他们的反馈都是负面的。如果你接受了这样的负面反馈，通常会让自己的故事缺失一定的东西，比如细节上的东西，那么就会让整个故事都索然无味。在这样的情况下，你还要将缺失的东西再找回来，这期间会浪费很多的时间。因此，在接受别人的建议时，我们一定不能盲目，避免自己做过多的无用功。

安妮·西蒙斯说：“阿凡提本无心用语言俘获人心，他是在即兴发挥而已。”在创造一个故事的时候，我们只要不去讲那些漫无边际的话就可以，在这样的前提之下，我们可以尽情地发挥自己的想象力，讲述自己的故事。有的人提出的意见，可能是他们对这样的情节存在着阴影，而不是故事本身的毛病。因此，我们不要一味地去寻求别人的批评，也要从赞赏中得到有用的信息。

选对合适的听众，能够让自己的故事被更多的人接受，能够让故事发挥出自己想要的效果。什么样的听众是合适的呢？这其实和你的故事内容也是有着很大关系的。我们拿下面这个例子来说明。

南京古都酒店曾经推出过“原味拍卖”这样一个活动。这家酒店将姚明入住的房间原封不动，然后以高价进行“拍卖”。姚明住过的房间他们不打扫，穿过的拖鞋和睡衣原封不动。这样的房间吸引了姚明的众多粉丝，虽然住一晚的价格高达两万元，但是仍然有大批的球迷前赴后继地前来“享受”。这样一个高昂的价格，如果没有选对消费者，是没有人会来入住的。但是，南京古都酒店将这个故事卖给了篮球圈子的人听，就吸引了姚明的球迷前来入住。南京古都酒店的故事找到了合适的听众，让故事赢得了巨大的利润，达到了预期的效果。

每个企业都希望自己的产品拥有众多忠实的消费者，都希望消费者能对自己的产品不离不弃。就像明星对自己的偶像那样，始终追随，不离不弃。

企业的产品要想拥有这样的魔力，就要让自己的故事讲得好。故事讲得好，就会吸引众多的粉丝，那么也就会增强产品在市场上的竞争力。现在的产品想要在市场上所向披靡，凭借产品的差异化和性价比还远远不够。现在的消费者更加注重的是情感需求。因此，当你的产品满足了消费者的感情需求，那么你就会离成功非常近了。“好马配好鞍”，同样的道理，企业的故事只有找到合适的听众，企业才能获得成功。

绍兴黄酒，选料上乘，制作工艺独特，酒精浓度低，营养丰富，是养生健体的佳品。很多人知道它都是因为鲁迅，他在文章中也多次提到了绍兴黄酒，但是你知道它是皇帝喝过的酒吗?

绍兴酒作为江南文化的代表，继承了江南的很多优秀文化传统。在它的背后也有很多的典故：勾践的卧薪尝胆、秋瑾的貂裘换酒等等。除此之外，它还受到江南才子佳人的推崇，这些都成了绍兴文化源远流长的见证。

在绍兴黄酒中，首屈一指的是古越龙山。

古越龙山是一个有着辉煌历史的名牌黄酒。1988 年，古越龙山正式进入钓鱼台成为国宴用酒，它在很多国家大事以及商业活动中出现，作为国礼赠送给各国的元首，也因此受到了众多政坛风云人物的赞赏，包括美国前总统尼克松、克林顿等。

古越龙山虽然有着光辉的历史，但因为行事低调，这些故事并没有讲出来，因此也就浪费掉了很多资源，也因此遭遇了发展的瓶颈。在面对困难的时候，古越龙山决定进行故事营销。在经过一系列的策划之后，其出现了“克林顿、日本天皇赞赏的古越龙山”这样的故事。

有了故事，但是故事要讲给谁听呢？

“数风流人物，品古越龙山”，这样的广告给人的感觉就是皇帝喝过的酒不是一般的酒，酒本身和喝酒的人都是非常高端的。能够出现在国宴和外交场合中的酒，一定具有很高的社交价值。因此，这样的故事应该讲给那些有身份、有地位的人听。

作为古越龙山的消费者应该是政务、商务、文化人士，这三类人看中的是酒体现出来的高端价值。于是，古越龙山的故事就在这三类人中传播出去，让他们对黄酒产生了新的认识，也在这些人中引起了巨大的轰动。在这之后，古越龙山请来知名演员陈宝国作为代言人，而陈宝国经常饰演的汉武帝正好符合“皇帝喝的酒”这个定位。之后，古越龙山就迅速树立起了尊贵、高品质的品牌形象，受到了众多高端人士的青睐。

因为选对了听众，古越龙山才讲对了故事，也让故事获得了巨大的成功。2017 年，古越龙山的销售额突破了 15 亿元，创造了黄酒发展的奇迹，创造了历史，创造了一个传奇。

最动听的是“我”的故事

我们总是被别人的故事所感动，我们总是被别人的故事所激励。其实，我们每一个人都是有故事的人，我们每个人也都是故事的主人公，无论是富人还是穷人，无论是英雄还是平民，都拥有自己的世界。当你仔细品味这些过往的时候，你就会发现，自己的故事才是最动听的。

在故事中你可以发现优秀的自己。

古希腊著名哲学家苏格拉底，尽管他的一生在哲学事业上取得了很大的成就，但是，他的人生却留下了一个遗憾：在他临终前，他多年的得力助手，居然没有能够在半年的时间内为他找到一个最优秀的徒弟，没有能够让他的成就继续传承下去。

事情的经过是这样的：苏格拉底在风烛残年之际，知道自己时日不多，便想考验和点化一下平时看起来还不错的助手。于是，他就把助手叫到自己的床前对他说道：“我的蜡烛所剩不多了，得找另一根蜡烛接着点下去，你明白我的意思吗？”

那位助手赶忙回答道：“明白，您的意思是让光辉更好地传承下去。”

“很好，但是我需要的是一位最优秀的传承者，他不但要相当有智慧，还必须有充分的信心和非凡的勇气。可是直到今天，这样的人选我仍然没有找到，你能帮助我寻找和发掘一位吗？”

“好的，好的。我一定会竭尽全力地去寻找，以不辜负您的栽培和信任。”助手温顺并且很尊重地说道。

苏格拉底听到这样的回答之后，笑了笑，没有再说什么。

经过了半年的时间，苏格拉底马上就要离开人世，但是助手仍然没有找到合适的人选。助手十分惭愧，泪流满面地坐在他的病床边，语气沉重地说：“我真对不起您，没有找到合适的人选，让您失望了。”

这个时候，苏格拉底却说：“失望的是我，对不起的却是你自己。”苏格拉底说完这句话之后，非常失望地闭上了眼睛，停顿了许久，接着说，“本来，最优秀的就是你自己，只是你不敢相信自己，才把自己给忽略、给耽误、给丢失了……其实，每个人都是最优秀的，差别就在于你如何认识自己、发掘和重视自己……”说完这句话之后，苏格拉底就带着哀怨离开了这个世界。

我们每个人都是最优秀的，我们应该用自己的故事，不断地激励自己向前走，让自己走向成功，让自己从迷雾当中走出来。

那些会讲故事的成功企业家，有的是通过讲述别人的故事或是编造出一些虚无的故事来获得成功，而有的则是通过自身的不断努力，创造一个又一个传奇，从而引起人们的广泛关注而获得成功。在大多数情况下，后者的故事是更加受人欢迎的。

1905年，霍华德·休斯在美国得克萨斯州休斯敦出生。小时候的休斯十分害羞、孤僻，他不喜欢上学，从小学到中学一共转了七次学，到最后也没有拿到毕业证书。虽然他学习成绩不是很好，但是对机械有着浓厚的兴趣。

休斯的父亲是一位石油商人，留下了约合75万美元的巨额财产。父亲去世之后，这笔巨额财产由谁来继承成了焦点。亲友认为他尚未成年，没有掌控财产的能力，需要一个监护人来对他进行监督。法院去征求休斯的意见时，休斯据理力争，为自己争取到了独立承担财产的权利。之后，他又向银行申请了贷款，把亲戚们所持有的股份全都买下来，成为父亲公司唯一的股东，并且和所有亲戚都断了联系。当面对质疑的时候，他说："我不要这些亲戚，他们的智慧让我感到厌烦！在这个世界上，靠得住的只有我自己。"

休斯对拍电影有着很大的兴趣。于是，继承公司之后的他就开始踏进电影领域。刚刚踏足电影圈的休斯并不是一帆风顺的。在他投资第一部电影《花花公子荷根》的时候，被声名狼藉的演员劳夫·格雷普斯给骗了，这部影片由他自导自演，结果是一败涂地，休斯在这部影片当中损失了 8 万美元。

但是休斯并没有因此放弃，依然对电影保持着极大的热情，他接着又开始投资第二部电影。这次他投资的电影是一部喜剧，名字叫作《阿拉伯之夜》。电影是由一些没有名气的演员来出演的，但是没有想到却取得了巨大的成功。在电影试映结束之后，当时全美最受欢迎的里波利剧院就立刻向他提出长期放映的要求，开创了电影界的先河。除此之外，这部影片还获得了第二届奥斯卡最佳喜剧影片奖。这部影片给休斯带来了巨大的成功和利益，让休斯十分自豪。

没过多久，观众就对枪战片和喜剧片失去了兴趣，这个时候就必须用新的题材重新吸引大众的眼球。休斯想到了自己小时候对于机械的兴趣，对飞机的热爱，于是他就结合自身的实际创造出了一个新的电影《地狱天使》。这部电影讲述的是关于飞行员兄弟和三个超级美女之间的爱情故事，故事当中有速度、有激情，同时也有着强烈的冲突和矛盾。在拍摄的过程中，休斯十分认真，他要求导演全部使用真实的飞机进行拍摄。这种本可使用模型来完成拍摄的电影，却非要采用真实的飞机进行拍摄不可，导演认为没有必要这样做，于是便辞去了职务。

当时，年仅二十多岁的休斯并没有因此罢休，而是自己做起了导演。在他拍摄期间，他共租用了87架飞机，其中包括英国的S.E.5战斗机和骆驼轰炸机、法国的斯巴达战斗机、德国的佛克战斗机。他雇用了135名飞行员和2000多名临时演员，就连起用的摄影师人数都占好莱坞摄影师总数的一半。可以说，这样的拍摄规模大大震惊了当时的美国电影界。不仅拍摄规模宏大，休斯对拍摄的镜头要求也是十分严谨。在拍摄德国的齐柏林飞艇袭击伦敦这个场景的时候，为了能够让观众感受到震撼的场面，他要将真飞艇击落。虽然他这个疯狂的举动遭到了朋友和同事的强烈阻止，但是休斯却不为所动。他对所有阻止他的人说："我一定要买下那架飞艇，然后让它在空中爆炸，我就是要拍摄它燃烧的场景。"

在拍摄爆炸场面的时候，休斯又要求飞行员从距离地面30米的高处往下冲，撞在地面上。这是十分危险的一件事情，没有一个飞行员敢冒这样的风险，因为这是拿生命在做赌注。于是，休斯就亲自拍摄了这个镜头。在拍摄中，飞机遭遇了事故，休斯并没有受到多大的伤害，只是在脸上留下了一道伤疤。在医院休养了几天，出院后的休斯坚持要将镜头拍摄完成，但并不是所有的人都像他那么好运，有三名飞行员和一名机械师因此丢掉了性命。

1929年，这部付出惨重代价的《地狱天使》终于制作完成，在电影首映的时候，这部拥有"空前大制作"的电影吸引了超过55万人前来驻足观看，人们都想亲眼见证疯狂的休斯所带来的震撼电影。也因此，这导致洛杉矶的整个交通陷入了瘫痪。

《地狱天使》引起的轰动可谓是空前绝后的，在这之后，休斯又接连推出了几部电影。在经过很长一段时间之后，人们都没有再等来休斯推出的新电影。原来是休斯失去了对电影的兴趣，而是将兴趣转移到了飞机制造上。

因为当时的休斯意识到：二战的爆发使得各国必须加强空军力量，这对飞机事业而言是一个前所未有的契机。于是，休斯就开始秘密地研制 H1 战斗机。1934 年，休斯飞机公司成立。经过长时间的艰苦奋斗，休斯成了飞机大王，为飞机事业的发展做出了巨大的贡献，创造了无数的神话。

1966 年 6 月，美国无人太空船第一次登上月球，引起了全世界人民的关注。因为登月一直是人们所向往的，成功登上月球成为人类的神话，而创造这个神话的就是休斯的飞机公司，正是他们创造了这艘无人太空船。

其实，休斯也是一个十分擅长讲故事的人，他用自己的亲身经历，谱写出了一个个传奇伟大的故事，取得了举世瞩目的辉煌成就。

好的故事能跨越文化

人们都喜欢听故事，也都喜欢讲故事，这是人类少有的共性之一。虽然不同国家之间会存在着文化差异，但是只要故事讲得好，就能消除这种差异，让更多的人去接受你的文化。

珍妮弗·理查德斯的女儿沃瑞在2012年被诊断为急性脑膜炎，当地的医院是无法治疗这样严重的疾病的，于是就将她转移到了芝加哥的儿童康复中心，在这里有先进的设备以及专门治疗急性脑膜炎的专家，但是治疗费用也是相当高的，对于一个美国中产阶级的家庭来说也是一个相当大的负担。高额的治疗费用让理查德斯一家陷入了经济困境。

麦当劳之家在听到这个消息之后，迅速为其提供了帮助。在治疗和康复期间，麦当劳之家为理查德斯夫妇提供了距离医院很近的住所，方便他们有更多的时间去陪伴孩子，让孩子不会感到孤单。在康复阶段，沃瑞的姐姐茉莉亚也来到了麦当劳之家，在这里和妹妹一起搭积木、做游戏，陪妹妹度过了很多美好的时光。因此，沃瑞治疗和康复的两个月时间内，对于理查德斯一家来说，并没有成为一场噩梦，反而更像是一段愉快的旅程。为此，理查德斯说：“我跟妻子真的很感激麦当劳之家，这段时间它为我们提供了很全面的帮助，工作人员和志愿者都非常热情，我甚至把他们当亲人看待，这里更像是我们在芝加哥的‘新家’，让我们能在孩子最困难的时候一直陪伴在她身边。”

当沃瑞的病痊愈之后，要离开这里的时候，她哭得稀里哗啦。在两个月的时间里，她和志愿者之间建立了深厚的感情，她不想离开这些可爱的志愿者。在这之后，每隔几个月，理查德斯夫妇都会带着孩子们重新回到这里，来看望他们的“家人”。因为这里曾经在他们最困难的时候给予他们无数的温暖。

这样感人的故事还有很多，麦当劳之家每周都会收到大量的感谢信，都是来自于他们曾经帮助过的人。麦当劳一直很注重亲情，这不仅表现在公益事业上，也体现在它的广告当中，它总是推出一些非常暖心的广告。

2016年上半年，为了推广McCafe系列咖啡，台湾地区的麦当劳推出了“让对话有温度”的系列广告，把父子、父女之间和男女之间那些微妙到难以启齿的心里话通过一只留言马克杯来进行传达，其中一只“接纳篇”更是感动了很多人，让人们从中体会到了父子之间那种含蓄的亲情。

广告中的父子沉默相对，儿子在马克杯上写下了“我喜欢男生”，父亲为他回复了“我接受你喜欢男生”。

虽然整段视频没有一句对话，只是通过写在麦当劳杯子上的文字来进行交流，虽然这是一个很沉重的话题，但是为了自己和家人的幸福，也要勇敢地迈出这一步，也许就会有不一样的收获。这也是麦当劳想要表达的意思，鼓励人们勇敢地说出自己的想法，也要相信父母，相信亲情，亲情是可以包容一切问题的，最初的时候父母也许不会理解，但是经过一段时间之后，他们也就会慢慢接受。父母对于儿女的爱总是包容的，这是全世界父母共同的特性。

2016年下半年，麦当劳又推出了一则暖心的广告，同样是以父子之间的感情作为切入点。这次故事的主角是一位而立之年忙碌的父亲和尚未长大的年幼的儿子。同样讲述的是亲情，广告语也是简单而温馨：“所谓父子一场，不过是我陪你长大，你陪我变老。”

广告中讲述了这样一个故事：当一位父亲拿着棒球手套，兴致勃勃地要和儿子一起去打棒球的时候，儿子说他已经加入了学校的足球队。父亲意识到了自己对于孩子陪伴的缺失，于是就开始增加了和孩子在一起的时间。

“工作狂”父亲和“失陪族”儿子，这是很多中国家庭的现状，麦当劳用这样一个感人的故事，道出了亲人之间最重要的就是陪伴。时光飞逝，不要让陪伴成为一种奢侈。

贫苦人民，是全世界人民共同关注的话题；亲情，也是全世界人民永远在讨论的话题。麦当来就是用这样一个个感人的故事，缩短了人和人之间的距离，同时也让更多的人知道了“麦当劳”这个名字，让全世界的孩子爱上了这个可爱的麦当劳叔叔。

争取大多数，你不可能让所有人都满意

“缺憾美”是这个世界的法则，最好的东西几乎都是以最好的形式出现的。世界上没有完美的东西，任何事物都是有缺陷的，也正是这些缺陷才构成了这个“完美”的世界。我们看到那些完美的东西其实都是存在缺陷的，就像维纳斯虽然有一只断臂，但是她仍然是象征爱与美的女神，她那只断臂也引起了世人的无限遐想。

《孙子兵法》中有这样的记载：“声不过五，五声之变，不可胜听也。”意思是说，音符虽然只有五个，但就是这五个音符的任意组合，却能够弹奏出优美的乐曲。我们在讲故事的时候，为了能够让故事看起来更加丰富，更加富有悬念，经常会加入过多的内容，殊不知，过多的内容有时候会让故事显得累赘，还会降低故事的真实性，有的时候甚至还会让人听得云里雾里、不知所以，以致不能够很好地接收信息。

就像《红楼梦》当中侍女小红替凤姐传话的故事一样。《红楼梦》第二十七回写道，凤姐使唤小红去家里传话并带个荷包，小红回话时称：“平姐姐叫我回奶奶……平姐姐就按照奶奶的主意打发他回去了。”凤姐笑道：“他怎么按我的主意打发去了？”红玉道：“平姐姐说，我们奶奶问这里奶奶好。原是我们二爷不在家，虽然迟了两天，只管请奶奶

放心。等五奶奶好些，我们奶奶好会了五奶奶来瞧奶奶呢。五奶奶前儿打发人来说，舅奶奶带了信来了，问奶奶好，还要和这里的姑奶奶寻两丸延年神验万全丹。若有了，奶奶打发人来，只管送在我们奶奶这里。明儿有人去，就顺路给那边舅奶奶带去的。”

很多人在第一次读这段话的时候，总是会稀里糊涂，搞不清楚事情的来龙去脉。因为在这段话中包含了太多的信息，试图想要给读者一个完美的故事，最终的结果是什么呢？除了知根知底的凤姐之外，没有人知道小红讲的是什么样的一个事情。

我们想要讲述一个十全十美的故事是不可能的。在讲故事的时候，是不需要过分追求完美的，只要你将想表达要的观点放在一个点上，同样能够达到某种“完美”的结果。

有一个女孩不仅人长得十分漂亮，而且歌声十分优美，动听的歌声吸引了很多人的注意。虽然她的歌声很甜美，但是她却长着一对龅牙，这令她很自卑。有一次，她去参加一个歌唱比赛，在比赛中，她的龅牙给她造成了很大的影响。因为比赛时她总是想着去掩饰自己的龅牙，以致影响了她歌唱水平的发挥，最终没有获得一个很好的成绩。

虽然没有取得好成绩，但是她的歌声却深深地吸引了其中的一位评委。这位评委认为她是非常有潜力的，于是就跑到后台安慰她说：“你肯定会成功的，只不过你要忘记你的龅牙，也许你觉得你的龅牙影响了你的美，可是，这有什么关系呢？你只有将你完美的歌声展现出来就好，将你的优势发挥出来，这样你才能取得成功。你的一口龅牙也许就会为你的成功锦上添花。”女孩子听了这些话之后豁然开朗，在之后的日子里，她将全部精力都放在唱歌上，努力练习唱歌，克服了种种困难，在歌唱水平不断提高的同时，她也渐渐地走出了龅牙的阴影。在之后的一次比赛中，她轻松上阵，最终大获全胜，一举成名。这个龅牙姑娘就是美国著名歌唱家卡丝·黛莉。曾经让她无限自卑的龅牙也成了她的“闪光点”，随着她的歌声越来越出名，她那一口龅牙也让歌迷们觉得十分有魅力。

这样短短的一个故事，却吸引了很多人的注意。在很多时候，我们经常会犯和主人公一样的错误，不敢去正视自己的缺点，有时候为了追求完美，将缺点掩藏起来，反而适得其反。所以，我们在讲故事的时候，不要将缺憾掩藏起来，有的时候，这些缺憾反而是故事真正的闪光点。

真实的故事总是能够受到人们的欢迎，但越是真实的故事，就越有无法避免的缺点。不过这些缺点通过有技巧的讲述，就会变成“可爱”的缺点。在你的讲述之下，听众会慢慢地接受这些缺点，渐渐地也会“爱上”这些缺点。

哆啦A梦是一只无所不能的机器猫，但是它的身上也有很多的毛病：害怕老鼠、贪吃、心软、帮倒忙。它没有耳朵，没有爪子。圆圆的脑袋，圆圆的手，圆圆的大眼睛。但是，这样一个带有缺憾的猫却成了全世界著名的卡通人物之一。

也许你会不理解这样一只有很多缺点的猫为什么能获得如此大的成功。

原因很简单，很多人在这只猫身上看到了自己的影子。它在见到老鼠时惊慌失措的样子，是很多人的缩影；在看到铜锣烧时的如痴表情，道出了多少吃货的心声；和大雄一起为妈妈制造的麻烦，让人又气又好笑。这些缺陷让这只无所不能的猫显得更加真实、更加可爱。虽然它有这些缺陷，但是它演绎出的故事却是让人感动的，它和大雄之间的友情却是非常难得的，它对于大雄的不离不弃也是让人为之动容的。

“你受伤的时候，我永远都在。”“我会永远陪在你身边，直到你不需要我的时候。”“既然是大雄说的话，我怎么会怀疑呢？”“你看，不倒翁都站起来了，大雄也可以自己站起来啊！”这些经典的台词让多少观众掉下了眼泪。虽然他和大雄会经常吵架，也会生彼此的气，有的时候它也会离家出走，但是这样的友情才是最真实的，即使是最好的朋友，也会出现矛盾的。所以，这只“短手短脚”的猫所演绎的故事才能吸引那么多人的关注。

“人无完人，金无足赤”，完美的故事也是不存在的。不要追求完美的故事，只要让故事达到70%的有效率就可以了，毕竟故事的成败有太多的不可控因素。有的时候虽然你的故事运用了很多华丽的语言，也运用了很多技巧，但是这样反而会失去你的听众。

我们不可能讲述十全十美的故事，同样我们也不能让所有的听众都满意，但是只要我们的故事能够让70%的听众满意就可以了。只要能达到这样的效果，我们也就不会有太大的压力，我们才能发挥更大的空间，讲出更好的故事。

第五章

情感共鸣，给你的故事加点料

只会一道菜可成不了大厨

品牌要想拥有忠实的追随者，要想长久地存活下去，好故事是必不可少的。但这并不是只需一个好故事就能够完成的。人的审美是有期限的，而且人的审美也是不同的。因此，企业只有不断地讲出更好更多的故事，才能满足不同消费者的需求，才能让消费者始终被自己的品牌所吸引，只有消费者不断追随，品牌才得以有了长久生存下去的根基。我们看到的那些百年老店，都是有很多故事的，这些故事让品牌得以延续，让品牌得以长久。

1405 年，也就是明朝永乐三年，中国第一家养生馆鹤年堂在北京西城区菜市口大街成立。创始人为丁鹤年，他的家族掌管了这个企业 120 年的时间，共承袭了四代人；之后传到曹蒲飒家族，执掌了 230 年，共承袭了七代人；王圣一家族掌管了 172 年，共承袭四代人；刘一峰家族掌管了 29 年，共承袭两代人；“文革”后恢复品牌老字号至今，这个品牌已经延续了 600 多年的时间。那么究竟是什么缔造了这个铂金级的品牌呢？让我们先听听几个故事。

创始人丁鹤年的故事

丁鹤年是一位极具传奇色彩的养生大师，在当时是有着极高的威望的。丁鹤年出身元朝望族，祖父是北京最有名的饮膳大师，丁鹤年从小耳濡目染，加上自己的勤奋努力，对养生学十分精通。元末明初，战火连天，老百姓生活在水深火热之中，为了拯救受苦的群众，丁鹤年立志“不为良相，只做上医鸿儒”。于是，他就开始云游四方，一边治病救人，一边拜访各方的名士。这样一路下来，丁鹤年的养生之术达到了登峰造极的地步。而养生有道的丁鹤年在老年之时仍然散发出无限的活力，一派仙风傲骨。

除了高超的技术之外，丁鹤年还精通诗词歌赋，是名重一时的诗人，著有《丁鹤年集》。我国史学泰斗陈垣所著的《元西域人华化考》中对丁鹤年有着这样的评价：“萨都剌而后，回回教诗人首推丁鹤年。”可见其在诗歌上的造诣。

除此之外，丁鹤年也是十分孝顺的，他的大孝之德也被人们所传赞。73岁的丁鹤年把鹤年堂交给自己的儿子打理之后，就只身回到乡下为母亲守灵，直到他去世，一守就是17年。《四库全书》中收录的《丁孝子传》和《丁孝子诗》讲的就是关于丁鹤年的故事，其中对丁鹤年这样赞叹：“丁鹤年精诚之心上达九天，丁鹤年精诚之心下达九泉。”

这样一位传奇人物成为鹤年堂的创始人，让鹤年堂的故事有了很大的影响力，可以说是一道大菜。

谭嗣同与鹤年堂的故事

当鹤年堂传承到王圣一家族之后，正好赶上了中国的动荡时期。当时的掌门人王保新精通医术、文采颇佳，而且他也非常关心政治，经常为当时混乱的国家谋求发展之路，对于那些救国家于危难之中的仁人志士总是伸出援助之手。有一天，戊戌变法的先驱谭嗣同来到鹤年堂寻医问诊，有着共同爱好的两人很快就成了好朋友。1898年9月21日，变法失败，以谭嗣同为首的六君子被押往菜市口行刑。王保新为了兄弟之间的情义和民族大义，决定用当时非常有名的麻药来减轻他们的痛苦。谭嗣同没有接受，而是英勇就义，将王保新的这份情义永远地记在了心里。在谭嗣同死后，王保新找来了六个师傅，将谭嗣同的头颅缝合好，送回到他的老家湖南浏阳。

这样的兄弟情义和民族大义，和这些时代人物一起被人们所传颂，随着时间的推移，愈加光芒万丈。

严嵩和鹤年堂的故事

严嵩在成为奸臣之前，是以文章、书法闻名于世的。有一次，他来到北京，正好住在鹤年堂旁边。当时鹤年堂的掌门人是曹蒲飒，也是一个书法爱好者。严嵩偶感风寒，就来到鹤年堂看病，同样爱好书法的两人一见如故，谈诗论画，相聚甚欢。曹蒲飒请他留下墨宝，严嵩当即挥墨写下了“鹤年堂”这三个大字。曹蒲飒将它作为牌匾挂了起来。牌匾一挂，便引来众人的围观，纷纷感叹这个牌匾的气势是京城独一无二的。在这之后，严嵩私欲膨胀，通过各种手段做上了高官，但因为长期工于心计，身心劳累，于是就来到鹤年堂讨教药方。当时鹤年堂的幼主曹永利便给他配制了一种“长生不老酒”，严嵩在喝完之后，满头白发竟然逐渐变成了黑色，面色红润，十分有精气神。之后，这种酒就被嘉庆皇帝御封为“鹤年寿酒”。

这样的一个故事不仅说明了鹤年堂高明的医术，也为鹤年堂的故事增添了文化色彩。

戚继光与鹤年堂的故事

戚继光是我国历史上著名的民族英雄，他为了保护百姓的生命财产安全，率领戚家军英勇抗战，九场战役获得了全部胜利，其中最为著名的是在台州战役中取得的胜利。胜利而归的戚继光，回到北京的第一件事就是拜会鹤年堂。能够得到抗战英雄拜会的地方，究竟存在着什么神奇之处呢？他们之间又会有什么样的故事呢？

在长期的作战当中，很多戚家军的士兵都受了伤，加上南方沿海地区湿热的气候，瘟疫肆虐，给戚家军造成了很大的威胁。当时鹤年堂除了在北京和全国人民一起共同为戚家军助威，还多次为戚家军提供“白鹤保命丹”等治疗创伤的急救药以及对抗瘟疫的药品。这样，鹤年堂不仅挽救了很多将士的生命，还免除了戚家军的后顾之忧，让他们可以专心地投入到战斗中，为戚家军的胜利做出了很大的贡献。

为了表示感谢，戚继光专门登门拜访，为鹤年堂写下了“调元气”和“养太和”的匾额。除此之外，我们今天在鹤年堂正堂之上看到的“拮披赤箭青芝品，制式灵枢玉版篇”也出自戚继光之手。

为戚家军做出的贡献，彰显了鹤年堂的民族气节，又为它的故事增添了一丝民族气息，让故事的主题得到了升华。

郑和与鹤年堂下西洋的故事

在鹤年堂的门口，伫立着一口大缸，这口大缸经历了百年风雨，依然散发着无穷的魅力。这口大缸存在着一个动人的故事。

这口大缸所盛的是鹤年堂精心研制的养生饮料，过路的人都可以喝。鹤年堂这样做的原因是什么呢？用当时掌柜的话说：“人们喝的是鹤年堂的字号，扬的是鹤年堂的名声。”由于良好的药用效果，这口大缸的故事得到了人们的口口相传。最终，这个故事传到了永乐皇帝那里，他就命令鹤年堂进行大量配制，由当时下西洋的郑和作为国礼赠送给各个国家的皇帝以及上层人物。

一口大缸，让鹤年堂扬名海外，为自己又增添了一道“大菜”。

除了这些故事，广为流传的还有鹤年堂药工在八国联军侵华时奋力保住牌匾的故事，企业领袖反抗伪政权的故事，等等。这些故事为这个企业增添了无限光辉，成就了一个品牌的传奇。

鹤年堂的故事丰富多彩，其中有关于孝道的传统美德故事，也有关于民族大义的国家故事。这样一个个精彩的故事让鹤年堂的品牌得到了延续，让鹤年堂扬名四海。所以说，一个企业的成功需要各种各样的故事，这样才能赋予品牌强大的生命力，才能在风雨的侵袭中屹立不倒。

以情动人，把听众请到故事里来

在犹太人当中流传着这样一个故事：

在一个暴雪纷飞的寒冬，有一天，一个被冻得瑟瑟发抖的赤裸少女走进一个村庄，这个少女的名字叫“真相”。

当少女走在街上的时候，人们都被她赤身裸体的样子给吓坏了，都纷纷躲进自己的家里关上大门。少女看到人们都躲着她，非常绝望。就在这个时候，一个名叫“寓言”的少女在赤裸的少女肩膀上披上了一件“故事”的披风。少女穿上这件披风之后鼓起勇气，开始敲开那些紧闭的大门，而这个时候村民们就像之前的事情没有发生过一样，打开大门，让少女进来，给她准备了热气腾腾的饭菜，并且和她一起烤火取暖。

这个故事向我们说明了人类本能上所偏爱的一种沟通方式。相比直截了当地说出“事实”，人们更容易接受“披上外衣故事的事实”。

在现实生活中，如果我们直接说出事情的真相是很难让人接受的，越是直接，就越会遭到人们的拒绝和防备。这是因为人们对于特定的事实有着自身的固有观念，所以如果可以把事实与情感、故事相结合，就可以让对方卸下对你的拒绝和防备之心。

理查德·麦斯威尔曾经说过：“讲故事就是把情感植入事实的转换过程。”在历史当中，有很多利用故事进行说服的例子。

楚庄王曾经下过这样一个命令：“向寡人进谏者，一律处以死刑。”在这样的命令下达之后，楚庄王就完全不理国政，整天沉溺于酒色，国家陷入一片混乱之中。但是畏惧死亡的大臣们谁都不敢站出来，他们除了紧闭嘴巴之外，没有其他任何办法。就这样过了三年，终于有一个叫伍举的忠臣做好了赴死的准备，他来到楚庄王的面前劝谏。

这时的楚庄王仍然和往常一样，在和舞姬们饮酒作乐。伍举突兀的到来令楚庄王十分不悦，他生气地说：“我不是说过了吗？所有进谏的人都会处以死刑，你怎么还有胆来？”伍举听到这样的“责备”之后磕头禀告：“并不是这样，微臣只是想出个谜语给宴会助兴。”听到这样的回答之后，楚庄王欣然答应。

伍举在得到允许之后说：“在一个小山坡下面有一只巨大的鸟。但是那只鸟在三年的时间里既不叫，也不飞。这只鸟到底是什么东西呢？”

楚庄王给出了这样的回答：“这只鸟虽然三年都没有飞过，但是只要它想飞就可以飞到天那么高，只要叫一次便可一鸣惊人。因为它知道这些，所以就这样既不叫也不飞。”

伍举没有直接地指出楚庄王的问题，而是将楚庄王委婉地比喻成既不飞也不叫的鸟，不但表明了自己想要进谏的目的，同时也为自己避免了杀身之祸。在这件事情过后不久，楚庄王就结束了荒淫的生活，开始专心治理国政，将奸臣一并处决，成为春秋五霸之一。

其实，在这件事情背后还隐藏着楚庄王为了能够认清奸臣与忠臣，假装沉迷于酒色三年的有趣的小故事。

在《旧约》中登场的先知在斥责大卫王时也采用了同样的方法。他向大卫王展现了战场中的悲壮情景后,对他说出了这样的一番话:

“下面的村子虽然生活困苦，但是却有幸福的家庭。那家人养了一只羊，全家人都十分喜爱和珍惜那只羊。但是有一天住在隔壁的富有者把这只羊给抢走了，他有 99 只羊，却偏偏抢走了邻居这仅有的一只羊。”

在听到这番话之后，大卫王大发雷霆，怒吼道：“那个没有廉耻的富者是谁？我一定要好好地处罚他！”

“陛下，那个罪人其实就站在我的面前。这个人不但抢走了陛下的英明，甚至还想置陛下于死地。”

这样一番话让大卫王彻底醒悟，他最终意识到了自己所犯下的罪行。

在这两个例子中，打开楚庄王和大卫王心门的钥匙正是“被移入情感的事实”故事。故事是可以打动人心的，但是要想让故事变得更加有感染力，也要注意讲故事的方法。

每个人都会讲故事，但是要想讲出一个令人感受颇深的故事，就必须成为拥有深刻印象故事的交流者。奥巴马之所以能够成为美国历史上第一位黑人总统，与他卓越的演说技巧有着密切的关系。他的总统就任演说就完美地证明了这一点。在第 57 届总统任职演讲中，奥巴马在共计 17 分钟的演说中花费了 4 分钟的时间去讲述一位 106 岁高龄的老奶奶的故事。

“她出生在奴隶制刚刚废除后的那一代，那时路上没有汽车，天上没有飞机。她是没有投票权的，不能进行投票的原因有两个：一是因为她是女性，二是因为她的肤色。她曾经生活的年代，女性是没有话语权的，生活在那个时代的黑色皮肤的女性，可以说是没有任何希望可言的。可是她却坚持活到了女性可以站起来说话，行使自己投票权的时代。是的，我们行！”

奥巴马将这位黑人女性的人生经历和变化，用客观的故事形式呈现出来，让听众为之落泪。他通过这样一个人生故事，向听众传达出美国历史和人权的成长足迹以及挑战更高发展的必要性。通过这样一个故事，奥巴马让处于绝望中的人们看到了希望。

在向他人传达信息的时候，能够保持一个自然的姿态是非常重要的。在很多演讲课上，学生的演讲都像是“读语文课本”一样生硬而且不自然，因为自然地说话、讲故事要比想象中困难得多。从奥巴马的案例中我们可以看到，自然地讲故事是可以为自身带来巨大的帮助的。因此，能够将自己或是周边的故事以最自然的节奏和语调说出来，是值得注意和练习的。

在讲故事的时候也要注意赋予故事不同的意义，能够让你的故事具有很强的独创性。就拿牛奶广告的例子来说，牛奶作为一种产品来讲，它的差别化特征并不是很多，这就造成了很多牛奶企业都以“牛奶有利于健康”这一信息作为卖点，以致这样的广告也是大同小异而很难引起人们注意。要想另辟蹊径，就要创新，于是就产生了下面这样一个与众不同的广告。

2009年，美国加利福尼亚乳制品加工业界协会举办了一个以鼓励喝牛奶为主题的营销活动。在其中一个活动环节当中，主办方制作了一条包含童话故事的有趣广告。广告内容包括患有严重生理痛的公主在喝下了王子所赠的牛奶后露出了笑容，头发变成蛇的美杜莎在喝下了农夫拿来的牛奶后又重新长出绸缎一样的发丝。

这个宣传活动抛弃了固有的“牛奶有利于健康”的广告形式，利用新颖的故事传达出牛奶不但对成长期的小孩有利，而且对成人也有利的信息，并因此获得了巨大的成功，牛奶的销量可以说是得到了大幅度的提升。

弗雷德里克·道格拉斯曾经说过：“如果我能说服别人，我就能转动宇宙。”如果我们能够娴熟地掌握讲故事的方法，那我们同样也是可以转动宇宙的。

情感，让你的数据更有说服力

一般来讲，我们总是认为付出就会有回报，一加一通常等于二。但是，我们的大脑神经网却是非线性工作的。这种非线性的工作，导致我们的情绪会根据不同的情况发生不同的变化。例如，我们开了一天的会，我们在情绪上不会有任何变化，但是会因为一个小小的眼神而产生巨大的情绪反应。因此，那些程式化的、数字化的东西是很难引起人们的兴趣的，这样的信息也很难让人全部接受。而善于讲故事的人是非常注重人们情感上的变化的，他们会用故事去替代那些让人难以接受的数据，这样看起来虽然会产生一定的影响，但是能获得意想不到的效果。

在充满感知的世界当中，一个小小的细节也是能够产生巨大影响的。想象一下，你向员工讲述一套将要运行的计算机体系，你讲述得非常卖力，员工也非常认真地在听你讲解。但是，在讲述完毕，你离开之后，员工就会表现得非常厌恶，他们会做出一系列的动作：翻白眼、学习你讲话时的动作，你所讲述的内容在他们的脑海中也所剩无几。因此，相较于那些枯燥无味的数字来说，充满感情的故事是非常有必要的。

保罗·史密斯是宝洁市场部门研究部的一位副总监。有一次，他所在的部门需要新的市场研究技术，而这些技术是需要资金来支持的。在经过一番努力之后，史密斯获得了20分钟的时间向宝洁首席执行官及其经理团队来推销这些新的市场研究技术。为了确保成功，史密斯花了三个星期的时间准备了一份简洁的带三十多页幻灯片的推介方案。

会议开始，史密斯开始了他的演讲。在整个演讲过程中，宝洁的首席执行官雷富礼一直注视着史密斯，并没有看他所演示的幻灯片。而史密斯也注意到了这样一个细节，而且其他的经理似乎也很少关注他的幻灯片。史密斯后来回忆说："我觉得可能我做得不是很好，因为他不像其他人一样看我的幻灯片。直到后来我才发现，他那样做是因为他对我说的内容更加感兴趣，而不是我的幻灯片怎么样。"

这个经历促使史密斯改变了自己的演讲方式。在之后的演讲中，他减少了幻灯片的数量，减少了数据分析，而是在演讲中加入了大量的故事，把数据分析变成了能够引起人们共鸣的故事。而这样的演示方式，也让他成功地传达了自己的想法，为自己赢得了更多的项目研究资金。在向雷富礼团队进行展示的时候，因为幻灯片减少了，那么也就多了一些提问的时间，这样就能获得更多有价值的反馈。

就算是有数字和社交媒体工具的帮助，员工在向同事、经理和客户传达想法的时候仍然是非常困难的。基于这样的情况，联邦快递、金佰利和微软等公司对企业高管进行了如何讲述引起共鸣的故事的培训，以此来改善工作中存在的沟通问题。

一位职业专家说："讲故事是比幻灯片更有用的。讲故事也可用于日常生活中，无论是向一个人还是一百个人传递想法都可以用。但是要想故事讲得精彩，就需要精心准备。”

精心准备的故事，是可以发挥出无限的作用的，这种作用是用数据替代不了的。加州肯辛顿的沟通顾问克里夫·阿特金森说：“不要只是列事实和数据，这些都不如讲故事让人印象深刻。”

但是仍然有很多的商界人士认为原始数据更加具有说服力。虽然真实的数据能够起到一定的说服作用，但是对于不同领域和不同的人来说，他们是很难理解你是如何得出这些数据的，那么这些数据也就会很快分散他们的注意力，你的演讲结果就可想而知了。

在这个时候你就需要做出改变，阿特金森说：“你必须暂退一步，进行换位思考，带他们进入你的思考过程。这需要你提取最重要的事实，然后包装成一个个吸引人的故事。”

而要讲述一个吸引人的故事，就需要倾注很多的情感。阿特金森说：“要设法在情感上与你的观众进行沟通。神经学家已经发现，无论人们是否意识到，大多数人的决策都渗入了情感反应。”有时候，一个带有情感的故事是能够提高决策的质量的。

一个农场有四名员工，最近因为业务量增加，每天共需要员工加班八小时。那么如何将这一信息很好地传达给这四名员工呢？一种方案是：八小时平均分给四名员工，每名员工要加两小时的班。另一种方案是：要了解员工们的现状，小李家的女儿最近要过生日，而小王则要买一辆摩托车，他正在疯狂地攒钱，小林和小刘没有什么事情，可以让员工们自己去商量，自己要加多长时间的班。商量的结果可能是让小王加八个小时的班，因为他急需用钱。也许以上两种方案，都能够将信息传达给员工，也都能够让员工们做出决策，但后者明显更加人性化，给员工更多自主选择的权利，顾及到了员工的情感，这样的方案施行起来也就会更加顺利。但是，如果你是一个不善于听别人故事的人，或者你是一个不善于讲故事的人，那么也许你就不会有这样的方案。

我们在演讲的时候，让听众分享自己的故事或者是自己讲故事，就会让他们的感情得以抒发，那么也就会得到他们对于问题的不同看法，让他们自己做出决策，这样就会在一定程度上避免负面消息的产生。因此，我们制作数字、直方图、电子表格的时候，可以采用比较理性的思维，但是可以用感性思维将它们表现出来。

但是，我们需要注意的是，在用情感思维陈述事实的时候也要注意到人们的情绪。因为，情绪是能够影响到事实的真实性的。如果这个事实让人们生气、不安、焦虑，那么人们就会怀疑这个事实是否真的存在；相反，如果一个事实能够让人们高兴、备受鼓舞，那么人们就会对这个事实深信不疑。所以，在讲述故事的时候，我们也要注意事实对于人们情绪的影响。事实不会随着人们情绪改变而改变，但是数据却能够因为人们情绪变化而被贬低或是夸大。

所以，如果我们用故事的形式给数字赋予一定的意义，那么数据就会变成一个事实，就会产生更大的价值。人类的生活和发展离不开数据，但是仅仅有数据也是不够的，毕竟人类还是有感情的动物。

用你的故事，照亮别人的人生

有人曾经说过，如果没有乔布斯，手机行业还会停留在比屏幕、拼像素的阶段，而电脑也仅仅是一个工作的工具。这句话从侧面印证了乔布斯对于整个科技行业的影响。虽然很多企业高管都有过辉煌的时刻，但是很少能够有和乔布斯相匹敌的。

乔布斯创造了科技行业的传奇，无论消费者有没有研究过苹果公司的年报，或者是否从商业杂志中探寻过苹果公司的商业模式，但只要一提及乔布斯设计的产品，总有人会滔滔不绝地将他的设计品位、不拘一格的广告创意等一一道出。

乔布斯的逝世让全球的科技界再次明白，公众有一个共同的偶像，他不是比尔·盖茨，而是史蒂夫·乔布斯。他所创造的每一个产品都在世界范围内引领了一股风潮。他的“苹果系列”，引领了一股时尚潮流；他的皮克斯动画工作室，成了动画行业的风向标；他的 iPod，影响了现代人的生活方式。我们可以这样说，如果没有乔布斯，科技产品是不会像今天这样充满时尚味道的。

和许多传奇人士一样，乔布斯非常有个性，而这种个性也就注定了他的人生会一波三折：创立苹果公司，被扫地出门；随后创立的皮克斯动画工作室，成为娱乐行业的标杆；当苹果公司濒临破产的时候回归，引领苹果走向另一个巅峰。他曾经在鬼门关前转了两圈，也曾经陷入违反证券法的丑闻……但乔布斯所领导的苹果公司所研发的一系列产品，却一直被誉为科技与时尚的完美结合。

苹果公司的许多员工都曾经说过，对细节的完美追求使许多设计师几乎被乔布斯折腾到崩溃，而层出不穷的新点子也曾让许多临近完工的项目推倒重来，但是，也正是乔布斯这种对细节的独特偏好，最终促使苹果的一系列产品达到了“一直被模仿，从未被超越”的境界。

乔布斯之所以能够产生如此巨大的能量，这和他的人生经历是分不开的。这些事情听起来虽然不可思议，但全部都是他的亲身经历。这些亲身经历成为他人生最好的故事，成为他最有说服力的故事。这些故事让他的业绩显得更加传奇，他取得了令人震撼的成就：他从根本上改变了音乐、电影和手机三大市场格局。就连他最初起家的电脑行业的影响力也是有增无减的。

从“弃婴”到叛逆的青年

1955 年，旧金山，一位母亲将一个刚刚出生的婴儿托付给了一对夫妇收养，这个婴儿就是后来苹果公司的 CEO 史蒂夫·乔布斯。

在很小的时候，乔布斯就异于常人，经常做出许多搞怪的事情：对着邻居家的摄像机做鬼脸，骑着三轮车对着人们大喊大叫，看不健康的电视节目等等。

到上中学的时候，乔布斯得知了自己的身世，这样的身世让他树立了要成就一番大事业的志向。他的一位中学同学说道：“我对乔布斯的印象非常深刻。他对事物估计准确，往往用别人一半的工夫就能把整个工作做得非常成功。”

在进入大学一年之后，18 岁的乔布斯决定退学。在这之后，他来到了一家名叫阿塔里的电子公司工作。有一天，他找到公司的负责人，想要去印度见识一下那里的宗教圣人。于是他就光着脚、穿着破烂的衣服来到了印度。在印度，乔布斯目睹了当地人的生活，当地人对于命运的无奈让他颇为震撼。

从印度回来之后，乔布斯就像变了一个人一样，沉默寡言，整天穿着一件橘黄色的外套，头发也剃光了。他决定和过去的生活告别，重新开始新的生活。

个性的延续向自己创建的公司递交辞呈

重新开始的乔布斯，在 1976 年和好朋友一起创建了苹果电脑公司，并且开发出举世闻名的苹果Ⅰ型和苹果Ⅱ型电脑，以及后来的麦金托什机。

这时候的乔布斯仍然显现出了异于常人的个性。在公司，他总是穿着一件黑色T恤、一条牛仔裤和一双运动鞋。他经常训斥员工，就连对和他一起创办公司的朋友和关系亲密的下属也是如此。这样的性格也让公司的人对他产生了很大的意见。

在公司逐渐壮大起来之后，他和主要的投资人产生了分歧。他张扬的个性以及咄咄逼人的态度，最终让他失去了掌握公司实权的职位。在经过三个多月的苦闷煎熬之后，乔布斯决定辞职。在 1985 年的一个黄昏，随着慢慢下沉的夕阳，乔布斯向自己亲手创建的公司递交了辞呈，这一年他 30 岁。

之后，乔布斯回忆起这段经历时说道：“苹果公司就像我的初恋一样。就像所有的男人都会想念他们第一个深爱过的女人一样，我也会一直想念我的苹果公司的。”

与迪士尼叫板

离开苹果公司之后，乔布斯很快就创办了一家名为 NeXT 的电脑公司。这时，乔布斯又展现出他独有的商业慧眼，取得了非凡的成就：1986 年，他以 1000 万美元的价格，从“星球大战之父”和美国电影“电脑特技之父”乔治·卢卡斯的手中，买下了当时规模很小、很不景气的电脑动画制作工作室，这个工作室就是后来的皮克斯公司。

经过了十年的发展和等待，乔布斯终于迎来了他的春天：在 1995 年的感恩节，皮克斯公司制作的 3D 电脑动画片《玩具总动员》面世了。这是世界上第一部用电脑制作完成的动画电影，它一经问世，就获得了人们的热烈欢迎，取得了不俗的票房成绩，在大获成功的同时，也对传统的动画影片带来了革命性的影响。

就在皮克斯公司蒸蒸日上的时候，苹果公司却在 IT 业激烈的竞争中显得力不从心，虽然接连换了好几任总裁，但是都没有挽回苹果公司的颓废之势。而这也预示着乔布斯的机会来了。

拯救苹果公司，创造新奇迹

乔布斯在得知这一消息之后，决定拯救苹果公司。1996 年，他将自己的 NeXT 公司卖给了急需新技术的苹果公司，他也因此担任了苹果公司的总裁顾问。1997 年，他又回到了苹果公司总裁的位置。

重新回到自己创办的公司后，乔布斯对公司进行了一系列的整顿，包括公司的产品研发、库存以及管理方面。在他的领导之下，公司仅用了十个月的时间，就研发出了极具个性的 iMac 电脑。iMac 的出现，让整个电脑行业都为之震惊，苹果公司也借此重拾丢失已久的光芒。

乔布斯并没有满足于此，他仍然继续竭尽全力寻找能够给苹果公司带来革命性创新的新项目。不久他将目光放到了一个新的领域音乐。于是，影响音乐世界的产品随之出现。

2001年10月23日，当人们还沉浸在“9·11”事件的阴影当中的时候，乔布斯向世界展示了苹果公司的新产品iPod音乐播放器。iPod的外壳光鲜亮丽，炫目的白色让人爱不释手。除此之外，它本身的功能也是非常强大的：它可以连续使用10个小时，存储1000首歌曲，成为当时市场上第一款硬盘式音乐播放器。乔布斯对人们大声呐喊：“使用iPod欣赏音乐难道不是很酷吗？使用它，你再也不必每天都听同样的歌曲了。”随着这样的呐喊声，iPod成为人们争相追逐的对象，取得了非凡的销售成绩。

2004年，iPod的全球销售额突破了45亿美元；2005年下半年，苹果销售了2200万台iPod数字音乐播放器。

乔布斯对工作又倾注了无限的热情，在他的带领之下，苹果公司又进军手机行业，研发出了iPhone系列以及ios系统，因其独特的功能和漂亮的外观，很快就赢得了无数的“果粉”，而iPhone的出现，也改变了手机领域的发展历程。乔布斯又一项新的发明征服了全世界。虽然他已经离世，但是苹果产品仍然影响着全世界的人，它的产品始终令人们为之疯狂。

这就是一个传奇人士的故事，虽然乔布斯是一个爱幻想的人，但他却是一个不脱离实际的人。他在离开苹果公司之后，始终密切关注着苹果公司的各项动态以及科技领域的发展方向，这样才有了苹果后来的传奇。而他的创业故事也鼓舞了无数人，激励了无数人。

所以，我们在讲述故事时，最好是用自己的亲身经历，这样的故事往往最具有说服力。

最大限度地激发听众兴趣

虽然你的故事很好地吸引了人们的注意，但是要想让人们成为你忠实的听众，还要让故事最大限度地引起听众的兴趣，这样才能让人们乐在其中，始终为你的故事买单。而理查德·布兰森就很好地做到了这一点。

2008年年初，维珍集团在纽约举行了一场新闻发布会，在发布会上宣布“太空船二号”将要在这一年进行试飞，2009年开始商业飞行。“太空船二号”有可能成为世界上第一艘商用太空船，它能够把游客送入亚轨道，让游客拥有失重和飞天的感受。

这样的消息一经出来，就吸引了众多媒体的关注，也忙坏了这些媒体的记者，因为这可是一个能引发人们热议的故事。

紧接着，布兰森就推出了“太空船二号”1：16的模型。这艘被称为“太空船二号”的飞船，长度为18米，大小和一架猎鹰飞机差不多。它的外形十分美丽，美得让人窒息。在船体的尾部有火箭推动的装置，为飞船挣脱地球引力提供了动力。船体两翼设有能够移动、如同翅膀一样的稳定鳍，为飞船能够平稳飞行增添了几分科幻色彩。这艘模型的设计者伯特·鲁坦说：“这种设计使飞船更容易操控，着陆时更安全。‘太空船二号’多数部件由高技术超轻材料制成，船体重量大为减轻。”飞船的模型展出以及科技论证的过程，增加了故事的真实性。

当故事说到这里的时候，人们纷纷都被太空之旅所深深吸引，仿佛已经置身在浩瀚无边的宇宙之中，在这里遨游星河，自由自在地飞翔。

当时据布兰森透露，全世界约有8.5万人表达了想要乘坐“太空船二号”遨游太空的兴趣。“太空船二号”的出发地在苏格兰郊区，每名游客需要交纳10万英镑的费用。虽然高达136万人民币的价格是一笔不小的数目，但仍然吸引了来自全球30多个国家的200余人的关注，他们纷纷预订了这项太空之旅。在众多的预订者中还包括大名鼎鼎的物理学家斯蒂芬·霍金、影星维多利亚·普林斯帕尔、英国公主比阿特丽斯。

布兰森是一位老顽童，他总是有一颗年轻的心，总是以玩乐的态度去看待周围的一切。太空遨游只是他的一个想法，但是这样的想法却得到了布兰森的直接推行，让人们看到了他的奇思妙想，这种奇思妙想恰恰引起了人们的兴趣，获得了人们的热烈追捧，取得了空前的成功。

可口可乐公司曾经也演绎了一个引起人们广泛兴趣的故事。

1886年5月8日，一个店员不小心把约翰·潘伯顿精心配制的健脑药汁和苏打水混合在一起。这一看似失误的举动却创造出一个奇特的口味，可口可乐也就正式诞生。这种略带刺激的饮料迅速成了市场的宠儿。这个时候的可口可乐公司一方面像所有的新兴产品一样，不断地为产品广为铺货，另一方面又将饮料的配方锁在银行的保险柜中。可口可乐的主要配方一直都是公开的，我们总是能够在它的包装瓶上看到它的配料表，包括糖、碳酸水、焦糖、碳酸、磷酸、咖啡因等。据传闻称，它的核心技术是在可口可乐中占不到1%的神秘配料“7X商品”，而躺在保险柜里的最高机密就是传说中的“7X商品”。

好莱坞悬疑大片的名字，高规格的保护。一时间，关于配方的流言在人们的口口相传中变得越来越神秘，人们对这个神秘的配方也越来越感兴趣。关于配方的传闻也是此起彼伏：有的人说掌握这个配方的人不超过十个，有的人说要打开保险柜，只有公司董事长、市长、可口可乐配方的指定继承人在指定的时间内同时到达才可以，如果到场时间不对，谁都不允许打开。流传最广的传闻是掌握配方的只有三个人，他们分别掌握了配方的三分之一，这三个人的身份是绝对保密的，他们都签署了“永不泄密协议”，绝不能将手中三分之一的配方泄露给其他人，包括另外两个掌握配方的人。为了防止意外的发生，他们甚至不可以乘坐同一架飞机。

有关配方的故事越传越神秘，可口可乐的配方、英国女王的财富和巴西球星罗纳尔多的体重并称为世界三大秘密，可见其神秘程度。

身处在保险柜里的配方就像《达·芬奇密码》中的圣杯一样，给人无限神秘的感觉。但是通过我们的仔细分析就会发现，可口可乐生产厂家遍布除南北极之外的各个大洲，为了保守配方的秘密，所有的生产厂家一律使用由美国总部提供的可乐原浆，各地工厂只是负责灌装，那么全球各地的可乐原浆又是从何而来的呢？这项伟大的工程肯定不是几个或者是几十个人就能完成的，这样的生产规模要对配方进行完整的保护是不可能的。事实上，在可口可乐之后，还诞生了很多的可乐品牌，它们在味道上也是极为相似的。甚至有一位美国的中学生，利用网络资料就完成了可乐的配方，它所配制出的可乐味道就连可口可乐的高层都难以分辨。这一切都让人们对神秘配方是否真的存在产生了怀疑。

但是，人们好像对秘方是否真的存在并没有多大的兴趣，反而对这个故事产生了很大的兴趣，人们总是意犹未尽地讨论这个故事，而且故事一讲就是一百多年。而可口可乐公司也成为全球著名的可乐品牌，全世界 155 个国家的人每天就要喝下两亿多瓶可口可乐，2015 年，可口可乐公司的市值已经达到了 1800 亿美元。这巨大成功的背后，只是一个关于饮料配方的传奇故事。

由此我们可以看出，一个能引起人们兴趣的故事是多么受用。

好故事总让人产生情感上的共鸣

凡是成功的故事，总是能吸引人们的注意，引发人们的兴趣，然后给人置身其中的感觉，让人在情感上获得共鸣。

对于有些人来说，他们不会轻易相信品牌的故事，但是他们会相信自己的感觉。

阿迪达斯是世界上最早的体育运动品牌。它的创始人阿迪·达勒斯是一位鞋匠，同时也是一位业余的田径爱好者。他不仅有着精湛的制鞋手艺，还非常了解运动员的需求，因此他做出的鞋子总是又漂亮又实用。20世纪20年代中期，阿迪·达勒斯生产出了世界上第一双带鞋钉的球鞋。

1936年，德国柏林奥运会的前夕，阿迪·达勒斯找到了美国著名的短跑运动员杰西·欧文斯，希望他能够穿上自己设计的鞋钉球鞋参加比赛。虽然他说了很多鞋子的好处，但欧文斯还是拒绝了他的请求。阿迪也就没有再说什么，因为他知道这是一场很重要的比赛，谁也不敢拿自己的运动成绩来实验这双鞋子的好坏。他知道，只有亲自穿过这个鞋子的人才能体会到鞋子的奇妙之处。于是，他就建议欧文斯在训练的时候穿上这双鞋子。欧文斯想，训练不会给自己带来多大的影响，于是就采纳了他的建议。

在穿上鞋子一段时间之后，这双鞋子的奇妙之处很快就征服了欧文斯。欧文斯如获至宝，并且在正式的比赛中也穿上了这双鞋子。在这届奥运会上，欧文斯共获得了四枚金牌，震惊了全世界。而他脚上的那双运动鞋也获得了人们的关注，人们开始知道了阿迪达斯这个名字。

1954 年，在瑞士世界杯的足球赛场，德国队穿上了达勒斯设计的全嵌入式螺钉足球鞋。穿上这样的鞋子，德国队过五关斩六将，最终获得了世界杯的冠军。从这以后，阿迪达斯声名大振，成为足球用品市场中的老大，并且一直在国际体育活动中占据着统治地位。

在蒙特利尔奥运会上，穿着阿迪达斯公司产品的运动员人数，占全部个人奖牌获得者的 82.8%，这让阿迪达斯名震天下，销售额迅速上升到了 10 亿美元。阿迪达斯取得巨大成功的背后，必然有当初欧文斯的功劳。

通常情况下，我们讲述最多的故事就是“我是谁”。在这样的故事当中，听众不能切身地感受到讲述者所处的环境，也就不会有感同身受的感觉，这样就会很难引起共鸣，也就不能将故事的效果发挥到最大。耐克公司的“想做就去做”彰显了一种叛逆的力量，在这样的力量影响下，使公司的每一位员工都能切身体会到这种力量背后所蕴含的企业文化。

美国已故总统里根是一位讲故事的高手。他所讲述的故事不仅深受普通大众的喜爱，还能给政治上的对手留下一个好的印象。

我们来看一下他在复旦大学所讲述的故事：“我在中国的访问虽然才五天，可是我所看到的名胜古迹却使我终生难忘。这当中包括万里长城、古城西安以及秦始皇陵墓和在此出土的兵马俑，这些都是历史上的奇迹。但是，我今天想和你们这所著名学府的年轻人谈谈未来，谈谈我们共同的未来，谈谈我们怎样才能发挥科学才智和探索精神来了解彼此的情况，改变人类的生活。”

从里根的这段演讲中我们可以看到，为了拉近和听众之间的距离，他讲述了我国的名胜古迹，和听众产生共鸣，引起听众的好感和兴趣，进而让自己的所述内容能更好地影响到听众。

宜家家居在向消费者传递“宜家的价格全年不变”信息的时候，并没有通过一堆枯燥的数据去说明，而是制作了一个小短片。

在小短片当中，一个母亲带着自己的儿子在宜家商场挑选家居用品，年幼的儿子却表现出成人的行为，他能辨别桌面的质感，会和漂亮的工作人员搭讪，搬得动很重的物品，还会掏出银行卡买单。直到他坐在驾驶座上的时候，观众才发现原来儿子已经是一个成年人了，之前的小男孩只不过是母亲眼中的他。

这样的一个短片引起了主妇们的共鸣，因为在她们的眼里，孩子永远是孩子，无论孩子长到多大，都让她们感动。短片在让主妇感动之余，也传递了宜家价格不变这样一个信息。这就是宜家讲故事的智慧。

《鸡毛飞上天》是以浙商为题材的一部电视剧。电视剧讲述了以陈江河、骆玉珠为代表的义乌人的创业故事。故事讲述了他们开办袜厂，注册自己的百货品牌以及遭遇的假货危机、打假风波等等。这样的故事很快就吸引了观众的兴趣，不仅获得了很高的收视率，还获得了全国“两会”代表的称赞，称其为“用能够引起共鸣的艺术方式讲好中国故事”。

“鸡毛”带有浓郁的地方特色，故事中出现的货郎匠、敲糖帮、扁担等，让人们的记忆一下子回到了20世纪六七十年代，而“鸡毛换糖”又以主人公的经历见证了时代的发展。在剧情上，以陈金水、陈江河为代表的敲糖帮在经历了“鸡毛换糖”维持生活，到被割“资本主义尾巴”，让观众在横向上领略到了义乌在六七十年代时的风貌,唤醒了很多创业人士的心酸回忆以及很多人的青春记忆。这是一部非常贴近现实生活的作品，让人们能在电视剧中找到自己的影子。

好的故事总是能够引起人们的共鸣，从而让自己的故事获得巨大的成功。

丰富联想，巧用故事出奇效

1961年，约翰·肯尼迪执政的时候，发生举世震惊的“猪湾事件”，引起了美国社会的动荡不安，人们陷入一片恐慌之中，也给肯尼迪带来了很大的负面影响。在这个时候，肯尼迪讲述了美国宇航员登月并顺利返回的故事。这个故事很快就将人们的视线从负面的消息中拉了回来，将人们关注的焦点转移到了太空登月计划上。有的时候，人们在遭受负面信息影响的时候，可以讲述一个充满正能量的故事，而这样一个看似和整个事件都不相关的故事，却能够消除人们对负面消息的关注。不相关的故事，有时候也能够产生不可想象的作用。

史迪芬·德宁曾经是世界银行的知识管理计划负责人，在他在职期间，他想要通过变革将世界银行转化为一个知识分享的组织。在德宁看来，当时的世界银行在信息系统管理上消耗了巨额资金，但并没有取得很大的效果，并且只有内部专家才能获得他想知道的相关知识，组织外部的那些人员，除非想要与世界银行进行某些业务上的往来，否则便无法获得相关知识。世界银行身为一个世界性的借贷组织，似乎只顾把主要精力放在借贷业务上，而且这个组织也是一个顽固的、不愿变革的组织。

想要进行变革，就要说服组织中的每一个人。但是，面对这样一个顽固的组织，想要改变现状是非常困难的一件事情。为了促使变革成功，德宁使尽了浑身解数，他将能够使用的手段图标、书面报告、面谈等全都用上了，还利用幻灯片向大家讲述了一些他认为非常具有说服力的理由，论证了将分散在组织内的知识聚集起来是多么必要，他试图让世界银行的经理们接受知识管理的观念。但是，这样努力的德宁并没有取得多大的效果，所有人对他的讲述都是充耳不闻，后来，他又进行了多次演示，员工们仍然非常茫然。在这之后，他开始运用图表的形式，这个时候，人们开始对他的课程产生了一点兴趣，但那些专业术语和数字让人理解起来却非常吃力。于是，德宁又想到了和每个人进行谈话的方式，也许能够起到一定的效果，但偌大的银行有着成百上千的员工，和每个人谈几个小时的话是非常不现实的，和每个人都进行一次谈话会浪费大量的时间。

在试了很多方法都无济于事的情况下，德宁在一个偶然的机会下，讲述了一个与赞比亚医务工作者相关的故事。而就是这个故事，却成功地吸引了员工的兴趣，很多员工都开始认真地听他讲述，并且会把一些问题拿出来进行讨论。其实，这是一个非常简单的故事：1995 年 6 月，在赞比亚的某个小镇里，有一位医务工作者，因苦于找不到治疗疟疾的方案，便登录美国亚特兰大疾病控制中心的网站，她在很短的时间内便获得了想要的资料。想想看，这是一件多么不容易的事情，赞比亚是世界最贫穷的国家之一，小镇离首都有六百多千米。这件事情最让人震惊的地方，其实是世界银行没有帮上任何忙。这样一个故事看起来和这次的变革活动似乎并没有多大关系，和世界银行也没有任何关系，但是其中却也包含着很大的联系。

世界银行是非常关注贫困问题的，也都知道哪里能够提供好的治疗疟疾的知识。但是，很多贫困的人是无法得到这些知识的。如果这些人能够获得这些知识，就能够在一定程度上免受病痛的折磨。如果世界银行建立了一个成熟的知识分享体系，那么就会造就出一个伟大的组织。

世界银行的经理们在听到这样的故事之后，坐在一起讨论了有关知识管理的事务，之后又请示了总裁。1996年8月世界银行的年度会议上，总裁宣布了要将世界银行变革为一个知识分享的组织。

然而在变革进行没多久的时候，变革就遭受了巨大的打击。1998年金融危机爆发，世界银行的知识管理计划也因此受到了很多质疑。当时，世界金融秩序一团糟，世界银行内部的一些人开始出现了这样的想法：身为一个世界性的借贷组织，世界银行应该把主要精力放在业务上，何必要分精力在知识分享上呢？这样是非常浪费时间的。于是，德宁就需要在同年9月的高层会议上，向高层们解释一下什么是知识管理，以及世界银行知识管理计划的具体进展情况。在这样的情况下，德宁的说服工作是非常有必要的。有了之前的经验，德宁又讲述了一个故事。他认为，如果他在会议上只是提出一个确切的关于知识管理的定义给世界银行的高层听，那么这个知识管理计划就会泡汤。于是他就先向高层们讲述了一个发生在会议几周之前的故事，是关于世界银行在巴基斯坦的一个工作小组的切身经历。他通过这样一个故事向高层阐述了知识管理的观念，强调在组织中成立学习群体的重要性。他通过这样一个间接的故事，让世界银行的高层认识到：倘若这种知识分享的机制存在于整个组织中，那么效果将会更好，一个知识分享的组织运作起来将会更有效率。

通过讲述故事，世界银行的变革工作进行得非常顺利，在短短的两年时间里，看似非常困难的事情居然就实现了。而这成功的背后，就是一个人看起来和变革并不相关的故事。医务工作者的故事让世界银行的每一个看到了关于知识分享的重要性，这样变革工作才能得以进行。

所以，有时候一个看似不相关却合适的故事，是能够带来意想不到的效果的。它能够转移人们的注意力，让事情朝着更好的方向发展，它也能够在侧面向人们展示事情的重要性，让事情进行得更加顺利。

第六章

故事有灵魂，别人才不会拒绝

多说一些带有愿景的故事

在讲故事的时候，我们要让听众能够进行思考，同时进行选择，并且走上符合自己深层价值观的方向，而不是一味地喊着像“努力工作”这样单纯空洞的口号。

乔布斯在激励员工制造苹果新产品的时候就说：“我们应当让互联网装进你的口袋里，随时都可以拿出来。”但是他并没有说让互联网走进每个家庭或者是人人都要使用互联网，而是口袋里就是互联网。可以说，这是非常有想象力和有意思的愿景，目标明确但是十分艰巨。这样的一个愿景很好地激发了员工的积极性，很好地激发了他们的工作热情。现在看来，他们真的达到这一目标了。

马云在 2016 年曾发表过这样的一篇演说（有删减）：

我曾经在日本街上的一个小店里，看到门口挂了一块牌，说“庆祝本店 152 周年”。我很好奇，这家店竟然有 152 年的历史，我跑进店里一看，估计（店面）不会超过 20 平方米，一个老头儿，一个老太太，在做糕点。我说：“你们这个店有 152 年啊！”老头儿回答说：“152 年。我们家的糕点提供给了日本皇宫。”我说：“你怎么不想搞得大一点？”他说：“挺好的，我们几代下来都在这个地方做，我们挺享受的。”我问：“那你们家孩子呢？”原来他们的孩子都在京都读大学，不过毕业以后，也得把这个店搞下去。我无比感动，他们过得快乐、舒适。

阿里刚成立的时候，我们提出的愿景也蛮奇怪的，我们说这家企业要活 80 年，这家企业要成为世界十大网站之一。这是我们的两个愿景，愿景不能太多。我那时候觉得，人生就活 80 年差不多了，朦朦胧胧就觉得企业如人。但后来，我们提出了活 102 年，我们 1999 年成立，活 102 年可以横跨三个世纪。现在百年企业已经空化了，都说要做百年企业，你要真正做到目标明确。

我们当年恬不知耻地要成为世界十大网站之一，当然为这个东西我们辩论了很多，我们有没有可能做成。反正我们花了十年时间去做，今天我们从各方面来看确实做到了。

你没有明确的使命、愿景，今天张三来，你跟着张三去了，明天李四来，跟着李四去。而且你还找了非常好的理由，我们先活下来再说。这个其实是很痛苦的选择，阿里在前面十年很痛苦，有很多诱惑的选择。

我们完全可以做解决方案，跑进去说服一个老板，拿两百万帮他做，然后吃回扣，你完全可以。你是这样呢，还是像原来那样做一个交易平台，点点滴滴地熬下去？这是完全两种不同的路。

我们说，如果做的不是我们要的，不是开心的，那我们可以明天就把公司关了。现在我越来越明白这个道理，如果我做的事情不是我开心的，不是我愿意做的，我自己都看不起的事情，我不可能坚持那么久。

在马云的演讲中，我们可以看到他对于愿景的独特看法。在故事中的那个百年老店，虽然不是很大，但是所做出的糕点却是提供给皇宫的。也许他们追求的不是规模上的扩大，而是一份品质，一份坚持，一份快乐。正是这样一种不同于常人的追求，让他们的小店走过了一个多世纪的时间。而马云也通过阿里巴巴的发展经历说明了企业愿景的重要性。

多讲述一些有愿景的故事，能够激发更多人的积极性，帮助他们在工作中树立正确的价值观，让他们的工作变得更加有意义。

给你真实的故事“加点料”

我们先来看一个故事：

大卫是矿产专业的高才生，他从美国耶鲁大学毕业之后，又进入了德国的弗赖堡大学学习，并顺利地获得了硕士学位。可以说他拥有了很高的文凭，但是高文凭并没有给他找工作带来任何便利。

他毕业之后就在美国西部的一个矿场找了一份工作。这一天，他按照约定好的时间来到这里面试。当他走进矿场主的办公室，首先把自己的毕业证书递给了他。矿场主看到毕业证书之后，并没有想象中的那样满意，而是直接拒绝了大卫的求职要求。

被拒绝的大卫表示很不理解，这个时候矿场主对他说：“先生，正是因为您有硕士学位，所以我们不能聘用您。”接着矿场主很不客气地说道，“我知道，你学了系统的理论，可那些东西并没有什么实用价值，我们这里是不需要一位温文尔雅的工程师的。”

原来这位矿场主就不是一个拥有高学历的人，他原本是一位工人，凭借着自己的努力被一步一步提拔上来，最后成为这个矿场的主人。而且这位矿场主生性耿直，脾气倔强。因为他自己没有上过大学，所以他就很不喜欢高文凭的人，尤其是对那些张口就能讲出一大套理论的工程师，更是没有一点好感。

聪明的大卫在面对这种尴尬的局面时，很快就想出了应对的办法，他并没有生气，而是很快就转变了一个话题，以此来缓解尴尬的气氛。

他笑着对矿场主说："先生，我想向您透露一个秘密，可您要答应我一个条件不许告诉我的父亲。"矿主对此表现出了很大的兴趣，示意他继续说下去，并保证他绝对不会说出去。

大卫接着说："其实，我在大学的这几年什么也没学到。这几年我都是在混日子。"听完这句话之后，矿场主哈哈大笑起来，转变了之前的态度，并当场拍板："很好，你被录用了，明天就可以来上班了。"

由于大卫灵活地编造了一个自己混日子的故事，成功地引发了矿场主心灵上的共鸣，从而获得了工作的机会。由此，我们可以看出，我们可以根据自己的实际情况，编造出一个虚构的故事，这样就会影响到他人；如果我们一味地坚持实事求是，就会错失很多机会。这个故事很好地说明了事实和虚构之间的边界，只要我们不触碰到这个边界，我们所虚构出来的故事也就是无伤大雅的。

杰里米·徐在他的《为什么我们爱听故事》一文中写道："安全、虚构的故事世界可作为一种训练场所，我们可以在那里练习与他人交流，熟悉社会习俗与规则。"在我们的生活中，有很多故事都是虚构的，但是它们却比事实更加具有说服力，原因就在于在故事当中蕴藏着许多道理，而且有的故事也是根据真实事情改编而来的。所以说，讲故事在不断追求真实的时候，也可以适当地进行一些虚构。虽然是虚构的，但是人们却可以在其中找到自己的影子，找到心灵上的寄托。就像某些生活中你无法参与进去的事情，也许是永远也无法参与的事情，但是你可以在故事中身临其境，超越现实的生活。为什么奇幻、科幻、武侠等这一类的故事能够受到人们极大的欢迎，原因就在于此。

很多人从小就喜欢看武侠小说，也许他这一辈子都无法成为武侠英雄。但是，他却可以通过故事活在武侠的世界当中，将自己的希望寄托在那些故事中的主人公身上，把他们和现实世界联系在一起，对世界和人生就会有一个新的认识。因为，江湖中的故事经常和现实的世界有着紧密的联系，所以说，我们不要总是嘲讽那些沉浸在虚拟小说中的人。在很多情况下，虚构的故事并不会比其他任何一种故事浅薄，它往往能够揭示出深刻的道理。

能够将《红楼梦》这个故事讲出来的人应该不少，但是又有多少人能够真正读懂它呢？能够讲述黛玉和宝玉之间故事的大有人在，但是有几个人能够说出封建社会真实的生活是什么样的呢？在很多时候，我们都被故事的表象所迷惑，认为那些千古流芳的故事仅仅是为了娱乐的需要，而忽略了故事其实是文化的传承，感情和认知的传递，它能让我们的信念在潜移默化中改变。故事能够帮助我们了解历史，从中洞察社会的变迁和发展过程，而虚构的故事则能够让我们更好地理解社会发展中所形成的社会习俗。

科学家认为，人类大脑往往会把内心丰富细致的想象和现实混为一谈，所以就具有设身处地为他人着想的能力，这种能力使人们乐于为周围的世界创造故事。或许是因为心理推理对社会生活至关重要，一旦我们拥有了这种能力，便企望四处推想他人的心理，为每样东西创造故事。这些包含了故事的东西才能更好地被人们所认识，更好地被人们所了解，从而更好地被人们所接纳。

只要对方相信，就是好故事

我们每个人都希望得到别人的认可，因为认可是一种爱的力量，是一种激励，可以让我们不断前行。同样，作为故事的讲述者如果获得了人们的认可，也会一直长久地走下去，这也是那些百年老店能够长久经营下去的原因。

每一个百年老店都是品牌的一个奇迹，在今天看来，它们不仅是一个简单的品牌，更多的是一种文化，以及它背后那些能够被人们所认可的故事。很多的百年老店同样也是卖故事的高手，他们所讲述的故事都十分具有震撼力，能够更好地获得人们的认可。我们通过百年老店同仁堂背后的故事就可以看到。

同仁堂诞生的故事：

> 传说，还是少年的康熙曾经得过一场怪病，全身红疹，奇痒无比。宫中的御医想尽了各种办法，但是都无济于事。由于御医们都束手无策，加上怪病的折磨，让康熙心情十分抑郁。于是，他决定出宫去散散心。在散心的过程中，他偶然间走进了一家非常小的药铺，药铺的郎中在诊断他的病情之后，只是给他开了一些便宜的大

黄，让他泡水沐浴。康熙按照郎中的说法进行沐浴，没过多久，病情就有了好转，三日之后就痊愈了。这让康熙十分高兴，为了感谢这位郎中，就写下了“同修仁德，济世养生”，并赠送给他一座大药堂同仁堂。

这就是家喻户晓的中华老字号同仁堂诞生的故事。可以说，这个故事充满了很大的说服力，能够将皇帝的病治好绝非一般人，他肯定有着超高的医术，这样的故事也是能够获得人们的认可的。

1669 年，同仁堂药铺建成，经历了三百多年的风雨侵袭，它仍然影响着中国人，散发着无与伦比的魅力。其实，它之所以能够影响几个世纪的中国人，就是因为它背后传奇的故事平民郎中治好了皇帝的疑难杂症，这样的故事显示了同仁堂高超的医术，并让它多了一丝传奇的色彩，而看病的、听故事的人也是纷至沓来。

但是传统的商业品牌不是凭借一个故事就能够始终获得人们的认可的。因为它并不像旅游品牌那样，可以单纯地依靠贩卖精神食粮就能长久地存活下去。就比如，你说一个地方是康熙经过的地方，那它就只能是一个历史的象征，也不能再产生出别的什么作用了。但作为一个药店来讲，如果只是单纯地看好了一个皇帝的病也并不能说明什么，也许就是一种凑巧而已。它需要更多的故事才能说明它高超的医术，才能证明药店的传奇之处，只有故事不断更新，才能不断地获得消费者的认可，让品牌获得不断走下去的力量，才能获得不断延续的生命。

康熙的故事让同仁堂拥有了一个良好的开端，就像一朵含苞怒放的鲜花一样，绽放出了无比闪耀的光芒。但是鲜花总会有枯萎的一天，所以要想不断地展现出这种光芒，就需要不断地更新故事，不断地提醒人们它的存在。

在这样的情况之下，同仁堂就衍生出了各种各样的传奇故事，它们囊括了清朝的每一代皇帝。雍正元年，皇帝亲自授命同仁堂为专办御药之地，在这之后，同仁堂成了宫中皇帝、后妃指定的用药之地。除此之外，它的养生药膳配方也得到了慈禧的青睐，如珍珠粉、益母草膏等，慈禧还特批同仁堂可以跨过宫中的药房直接提供药品。

在中华人民共和国成立之后，毛泽东主席和周恩来总理在中南海亲切接见了同仁堂的总经理乐松生。1985 年，同仁堂在人民大会堂举办了成立 315 周年庆祝大会，国家领导人纷纷为同仁堂题词，数量超过了 30 幅。

这些故事证明了同仁堂的辉煌，证明了它的伟大，赋予了它强大的说服力。但是，同仁堂的主要受众仍然是那些普通的大众，那些和平民消费者之间的故事才能够更加深入人心。同仁堂始终用心为每一个患者服务，因此每天都会发生一些感人的小故事，它们很渺小，但是反映了同仁堂的本质，让它获得了更多人的认可。

清朝年间，二月份的时候，北京城要掏泄水沟。这给出行的人们带来了诸多不便，人们一不小心就会跌倒在污泥当中，尤其是在晚上，出行就更加不方便了。为了方便行人在夜间出行，同仁堂在所有挖沟的地方都派人挂上了白纱灯为行人指路。

同仁堂这样利民的善举还有很多，如它还曾出资设立粥厂，分发棉衣，救济了非常多的穷苦百姓。

1984 年，一位顾客在《经济日报》上刊登了一篇关于同仁堂的感谢信。事情的起因是这样的：这位顾客要购买一分钱的天仙藤，因为当时这个店中缺货，店员又跑到了其他的店中取货，来回跑了两趟为顾客抓好了药。这位顾客十分感动，因为他原本以为店员会拒绝他这样的小生意，没想到店员会如此敬业。于是，他在回家之后就立刻撰写了一封表扬信，赞扬了同仁堂这种敬业精神。

除了这些辉煌的故事、感人的故事，同仁堂还有很多关于民族大义的故事。

20世纪初，中国社会处在一个动荡不安的时期。当时，日本想要对中国进行资本渗透，控制中国的经济，于是，就盯上了当时名气很大的同仁堂。日本的商人多次和同仁堂的当家进行会面，想要说服同仁堂同意他们入股，这些都被同仁堂一一拒绝了。为了给同仁堂造成压力，日本人就研制了一种名为“仁丹”的避暑药在京城内售卖。因为功效独特，销量迅速上升，凭借高于产品价值的售卖价格，日本人卷走了大量的中国资本。同仁堂为了抵制“仁丹”，就组织了大批的老药工彻夜进行的研发，最终研制出了一款名为“六神丸”的药物。这个药物的治疗功效远远超过了日本的“仁丹”，而且价格十分便宜，迅速就在销量上超过了“仁丹”，触及到了日本人的利益。日本人为了挽回自己的损失，就用高价来诱惑同仁堂让出“六神丸”的配方，但都遭到了严厉的拒绝。

这些故事在民间广为流传，编剧郭宝昌根据这些故事合集编写成了著名的历史大剧《大宅门》。2001年，《大宅门》登上央视的荧屏，由于精良的制作和感人的故事，创造了收视的神话。这部巨作详细地展现了同仁堂的历史，也为国人上了一堂深刻的历史课。一个品牌跨越了几个世纪，同仁堂在讲述故事的同时，延续了不老的神话，创造了一个又一个奇迹。

同仁堂的故事讲述了三个多世纪，不断更新，不断改变，影响了无数的人。同仁堂的品牌也因此让无数人为之动容，获得了多方面的认可，让它有了不断延续下去的力量。

情感共鸣，给你更有说服力的故事

在工作当中，我们经常会被某个同事的方案所折服，在他有理有据地进行讲解的时候，我们是没有任何还口的机会的，虽然我们没有百分之百地认可他，抑或他的方案中存在着很多瑕疵，但是我们却被他深深地折服了。

其实，他的方案并没有想象中那么完美，但是因为凭借着优秀的表达，让你在心底里认可了他的方案，即使你自己的方案更加优秀，更加具有执行力。所以说，在很多时候，我们并不是不优秀，而是缺乏一个优秀的表达方式，缺乏一个能够引起共鸣的故事。

对于很多人来讲，讲故事并不是一件困难的事情，但是对于如何讲好故事，让故事更加具有说服力却显得十分茫然。好的故事应该是能够触及人的灵魂深处的，这种在精神上达到共鸣的故事才能够更好地说服人。掌握了这种技能，才能够将故事讲述得游刃有余。

我们每一个人都是有情感的人，能够引起情感共鸣的故事通常是最具有杀伤力的。有位著名的作家曾经说过，如果一本书或一个故事在三分钟之内不能吸引你，那么你可以果断地放弃，因为这是失败的书或故事。其实讲故事就是在推销你自己，不管是人物故事，还是品牌故事。

在大多数情况下，通过你所讲述故事的本身就能了解到你是一个什么样的人。在讲故事的过程中可以适当地结合一下自己的经历，同时也要敢于揭露自己脆弱的一面。因为你主动显示出自己的焦虑、害怕、恐惧等这些小缺点，就会获得观众的认可和理解，这样不仅能够宣泄自己的感情，还能够激发听众的内心共鸣，加深听众对你的印象。

梅西百货在成为纽约最大的百货公司之前，曾经在商场门口进行了一次鞋子的促销活动。在活动的广告牌上写着：超级特惠，全部一折。当一位顾客拿着选好的鞋子去收银台前结账的时候，收银员却对这位顾客说："这是两只鞋子，并不是一双鞋子，虽然它们在款式上是一样的，但是在颜色上还是有一定偏差的。如果不仔细看，是看不出鞋子的差异的，但是鞋子的质量是可以保证的，也许这双鞋是工厂出现了差错，或者是某位顾客购买时拿错了。在您付款之前告诉您这件事，就是想让您知道这双鞋的具体情况，在购买之前做出慎重的选择。"

虽然只是短短的一段话，但是凭借着真诚打动了这位顾客，他没有调换就购买了这双鞋。这个故事也成了一段佳话，被很多人口口相传，而梅西也凭借这样良好的名声成了纽约最大的百货公司。

当你试图去完成一件事情的时候，或者是在向别人介绍项目的时候，如果你可以讲述一个合适的故事，就能帮助你达到事半功倍的效果，能够在你和听众之间架起一座无形的桥梁，让你能够更好地通往听众的心灵。就像上面所讲述的故事一样，当顾客的情感被激发出来之后，就会让你的故事充满生命力。这样的作用是事实所不存在的，但是讲故事却能够迸发出这样巨大的力量，而且会远远超过所有事实的总和。

赵本山主演的电影《落叶归根》曾经感动了无数的人。这个故事在让人们哈哈大笑的同时，也感动了人们的心灵，让无数人为之落泪。

赵本山在剧中饰演的是一位在深圳打工的农民老赵。老赵是一个五十多岁的朴实农民。他的好友在工地上丧命，留下了最后的愿望，希望自己的遗骸能够安葬在老家。老赵答应了他的这一遗愿，于是就带着他的承诺上路了。他首先把好友伪装成一个戴着墨镜的醉汉，混上了长途汽车，不幸的是却在途中遇上了劫匪。当劫匪面对老赵这种行为的时候，为他的义气所感动，放弃了这次抢劫行动。老赵的行为不但获得了劫匪的尊敬，而且保住了整车人的财产。

在这之后，老赵又经历了一系列的故事，但是都向我们展现了他的机智和善良。当他想要在路上拦车的时候，他把好友装扮成了一位需要急救的病人；当他需要钱的时候，就把好友伪装成了乞丐；为了填饱肚子，他就跑到别人的葬礼上哭丧；为了掩盖好友身上的尸斑，他请画廊的好友为死者化妆。经过众多的磨难和考验，在快要到家的时候，他又不幸遇上了泥石流，但幸运地被经过的警察搭救了。他在路上经历的所有故事，都是有血有肉、充满血泪的故事，也因此给观众留下了深刻的印象。这一路上，我们被老赵的机智所折服，被他的不离不弃所打动，为他的无奈而悲伤，总是为他的下一段行程所担忧，直到他成功地回到了老家。

我们通过有着黑色幽默的故事，感受到了对朋友的一诺千金，感受到了人世间存在的真挚感情，我们为他的好友感到庆幸，虽然他不幸离开了人世，但是遇到了一位好友，为了完成他的遗愿不遗余力地付出。这个故事感动了每一个人，它唤起了人的内心所深藏的感情，让人们去发掘它、展现它，被它深深地感动。而这样的故事才算得上是一个好故事。

一部以美食为主题的纪录片《舌尖上的中国》，曾经引起了无数吃货的热烈追捧，曾经有无数人在深夜守着荧屏去一睹它的风采。它让人们看得食指大动、口水涟涟。在食品安全问题闹得人们寝食难安的时候，这样的一档节目却让人们对美食压抑已久的热情重新被点燃。

从繁华的沿海大都市到边远的大山深处，从南到北，《舌尖上的中国》拍下了一道道美食，记录了一个个触动人心的故事：养蜂人为了养家糊口而不惜长途奔波，母亲为了完成女儿的音乐梦想甘愿放弃自己的工作，在外打工的夫妇回到家中的动人场面……美食的背后蕴含着人间的冷暖。

《舌尖上的中国》所引起的不仅是人们在荧屏前的垂涎三尺，更勾起了人们想要流泪的冲动。看着那一道道美食，或熟悉，或陌生，都勾起了人们对于家的思念、对于儿时的回忆以及对于远方的向往，引起了人们热烈的讨论。

文化学者胡野秋曾经对其做出了这样的评价："其实它讲的不是美食，而是深入美食背后，讲文化传承，探讨当今社会中人类该如何善待食物，如何与大自然和谐相传。"

当人们越来越习惯用怀疑的眼光去一遍遍审视身边的食物，当公众将"吃什么"的筛选重心转移为"不能吃什么"，当吃货们感觉到能吃的东西越来越少的时候，当人与人之间的信任逐渐消失的时候，当几千年饮食文化即将面临颠覆和灭亡的时候，《舌尖上的中国》的出现，重新唤起了人们对于传统美食的记忆，让人们重新找到了落叶归根的感觉，它成功地引起了人们的共鸣。

故事要引起人们的共鸣，就要走进受众的心里，让他们感动，同时也要引起他们的思考，此外还要向他们展现一个更加美好的未来。

让人着迷的表达方式

当我们握着手里的遥控器，在漫不经心地转台的时候，时不时地就会转到一些电视购物频道，我们会看到主持人在那里卖力地推销着产品，经常会听到这样的广告：“电视机前的观众朋友们，这是我们本月最后一次促销活动。由于促销的力度很大，现在我们的订购热线已经是爆满的状态，订购数量也是直线上涨的状态，现在只剩下不到10组的产品。机会是不等人的，赶紧拿起电话订购吧。”

每当我们听到这样像连环炮一样快速流畅的广告语的时候，多多少少会停下来看一会儿。即使我们知道只剩下 ×× 组是他们进行推销的广告词，也总是会让我们产生不买就会吃亏的感觉，经常会刺激我们购买的欲望。

这些话语之所以能够刺激消费者的购买欲望，就是因为这些看似简单的广告词后面蕴含着非常缜密的心理战术。人们经常会在心知肚明的情况下陷入推销者所布置的心理陷阱中。

推销者能够说服消费者去购买自己的产品，其实就是说服一个人的过程，这就好比是找到了打开对方心理之门的正确的钥匙。其实，心理学往往能够为故事在说服沟通方面提供很多的灵感。

知名的社会心理学家，畅销书《说服的心理学》的作者罗伯特·西奥迪曾经提出能够有效说服他人的六个原理：互惠原理、言行一致原理、社会影响力原理、好感原理、权威原理和稀缺性原理。这六个原理的核心思想其实就是利用人们容易犯错的心理漏洞来成功地说服别人，让对方认同你的观点。所以说，要想让你的故事成功地说服别人，成功地吸引别人，还是需要懂得一点心理学的。

除了心理学之外，我们还要懂得如何提升故事的认同感。

在学生时代，校长经常会把学生聚集到一起进行集体训话。几乎在每个周一的早上，学校都要举行一次全校学生大会。

大会的基本流程是这样的：全体学生在操场上进行集合，升国旗，唱国歌，行立正礼，国旗升完之后就是校长的训话时间了。这对于大多数学生来说都是一件十分痛苦的事情。在整个过程当中，学生都要一动不动地听着那些极其无聊的话语。除了开场白会在季节更替时稍有一些改变之外，其他的内容几乎都是大同小异的，学生对这些内容就像产生了免疫力一样，即便是听了很多次，也不会在心里留下多深的印象。可以说，这样一场看似鼓舞人心的训话其实是没有多大意义的。

在告别学生时代进入社会当中，我们也经常会遇到这样的情况。就比如在一个项目的启动仪式和结束仪式这样的商业会议当中，经常会有一些人喜欢发表那些冗长无味的发言。这样的发言就和校长训话的内容是一样的，总是重复那些空洞乏味的内容，很难让人静下心来认真地聆听。这样的一场演讲是很难获得听者的认同感的。

企业人员所发表的演讲，最重要的一点就是要提升员工的认同感，从而不断地扩大自己的阵营。

对于大多数员工来说，很少有人愿意听训话式的演讲。以员工为对象的演讲如果进行得顺利，那么就会是一个宣扬合作意识、提高员工工作积极性的绝佳机会。但是大多数的领导都会错失这样一个大好的机会，在他们的演讲中总是很难听到“我们”这样的词语，在他们的演讲中总是透露出“我是领导，你们是员工，你们一定要听我的”这样的信息，这样的演讲只会引起员工的厌恶感，让他们认为这是一堆没用的废话。正确的做法就是，能够在演讲当中简单、精练、及时地传达出“我们”的信息。

奥巴马可以说是博取认同感的一位鬼才。在他的演讲当中总是无时无刻不透露着“我们”的信息，这也是他能够获得选举成功的重要原因。

“我们可以做到！ Yes，We can.”

奥巴马的演讲采用“我们”的方式，使自己与支持者成功地融为一体，这样就会让更多的人和自己站在同一战线上，获得了大多数人的认同感，与此同时，为听者赋予了一种责任感，将他们和自己的使命融为一体，这样的演讲所要表达的其实是大多数人的共同愿望，而不是一个人的理想抱负。

除了以上两种表达方式之外，我们还要注意传达出感谢的成分。

在宗教团体当中，他们为了能够更好地传教，在传教的过程当中不会直接询问：“您了解宗教吗？”取而代之的是向过往的行人寻求帮助，以此来达到传教的目的。他们通常会对行人这样说：“打扰了，我第一次来这里，不太认识路。您知道 ×× 商场怎么走吗？”

通常采用这样的方式和行人进行搭讪是不会遭到人们的反感和拒绝的，这就是利用了人们一般不会拒绝简单求助的心理特点从而展开对话。

“啊，太感谢您了，原来往那边就到了。非常感谢您的帮助，作为回报，我也有一些想告诉您的事情……”

然后接下来就会进行正式的传教内容。这样的方式比起直接询问“您了解宗教吗”，成功的概率要高一些。人们往往在受到感谢之后，就会更容易向对方敞开心门。

这样的说服沟通方式在交往中往往也是一个有效的方式。

在通常情况下，一句“非常感谢”的话语就可以打开对方的心门。在提出要求之前，要能够先表达出感谢的意思，即使是一件非常微小的事情，也要充分表达出感谢之意。在进行说服的同时，感谢和称赞的话能够让对方原本坚固的内心变得柔软起来。

即使在最后的时候对方没有给出一个令你满意的决定，也要感谢对方拿出时间来倾听。通过表达感谢，能够唤起对方想要给予你更多的心理。

在说服他人的时候，最好是能够让人们感受到你坦诚的感情。

著名的文艺学家、文艺理论家、批评家巴赫金说过：“对话关系中给人留下最深印象的是感情交流。”

在心理学的研究当中，最受重视的就是关于人的感情的那个部分，因为埋藏在人心中的感情是不会消失的。你有可能会暂时忘记它们，但是它们仍然会在某一个不经意的瞬间又重新回到你的心中。

在和人的沟通中，能够坦诚地向对方表达出自己的感情是非常重要的一件事情，与此同时，要向对方说明你倾吐心声的原因。之所以要传达出自己说这些话的原因，就是要消除和对方之间的隔阂，维持双方一个良好的关系，因为有时候过分的感情流露会透露出一些对对方的攻击或不满。

充分表达自己的感情，和对方一起探索新的感情方向、新的改善方法也是在沟通中能够打动对方心理的一个重要技巧。

在众多的表达方式当中，真心话往往是最具有震撼力的，也是最能够打动人心的。所以说，在故事当中最好采用讲真心话的表达方式。

在印度，甘地应该是无人不知、无人不晓的。他用自己的亲身体验和经历向人们传达了自己的思想，形成了甘地主义，对于印度的反殖民地运动起到了重要的作用，为印度的民族解放运动做出了突出的贡献。可以说，他的非暴力哲学影响了全世界的民族主义者和争取能以和平变革的国际运动。

关于甘地，流传着这样一个故事：

有一天，一名中年妇女带着一个少年找到了甘地，恳切地向甘地请求道：“甘地先生，帮帮我的儿子吧。我的儿子吃糖吃得上瘾，好多牙都得了龋齿。但是不管我怎么劝说他都没有用，恳请您教教我儿子戒糖的方法吧。”

当时的甘地听完这样的请求之后流露出了困惑的表情，并且告诉这位中年妇女，四周之后再带儿子过来，到时候就会告诉她戒糖的方法。妇女虽然很是不解，但是仍然按照甘地所说的去做，在四周之后带着儿子回来了。

再次见到这对母子之后，甘地跪坐下来，看着少年的眼睛说道：“孩子，不要再吃糖了。吃糖的时候虽然很甜，但是吃糖太多就会有蛀牙，那么就不能再吃好吃的食物了。”

听完甘地的教导之后，孩子若有所思地点了点头，然后就走出了房间。这个时候妇女很不解地问甘地：“为什么您四周之前不教给他方法，而是要我们四周以后再来一次呢？”

甘地回答道：“其实我也很喜欢吃糖，小时候也经常吃糖。但若是这样，又有什么立场去劝告孩子不要吃糖呢？”

甘地用以身作则的方式成功地劝诫了孩子吃糖的坏习惯，这就是真心话的力量。既然想要达到说服别人的目的，首先就应该自己先做到，这样说出来的话才是最具有分量的。

通过这样的表达方式所呈现出来的故事，肯定是一个能够打动人心、让人信服、让人着迷的出色的故事。

你的故事，可以让人忘记初衷

我们都知道世界著名的故事集《天方夜谭》，里面有着一个广为流传的故事：

相传在很久以前，在古印度和古中国之间的一座岛屿上有一个名叫萨桑的王国，国王名叫山鲁亚尔。这位国王很喜欢狩猎。有一天，他提早狩猎回来，在自己的寝殿当中发现了可耻的一幕：寝殿的床上有四条腿，其中两条腿是王后的，另外两条腿是黑人奴隶的。

国王看到这样的场景非常震怒，当即就下令处死了这两个人。国王对于王后这种不齿的行为非常愤怒，这种愤怒随着时间的推移逐渐转变为对所有女人的憎恶。在此之后，国王每天都会娶一名少女，并在初夜过后就将其处死，以此来发泄心中的愤恨。就这样，许许多多的花季少女在国王的愤怒中丧命，国王也在愤怒当中失去了民心，举国上下变得人心惶惶。

面对这样的情况，宰相家的大女儿山鲁佐德为了能够拯救那些无辜的少女，决定挺身而出，嫁给国王。在女儿出嫁的那天，宰相全家都在极度悲痛中度过了痛苦的一夜。第二天早上，万分悲痛的宰相准备给女儿收尸的时候，让人震惊的是，女儿竟然笑眯眯地站在那里。

这位幸免于难的女子名叫山鲁佐德，她为什么能够存活下来呢？原因就是她特别会讲故事。她为国王连续讲述了一千零一个故事，不仅成功收获了国王的心，同时也获得了百姓的尊重。

要想自己的话能够打动别人，就要学习山鲁佐德的战略。这个女子对于说服别人的技巧可以说是了如指掌，甚至可以说她是最佳的故事讲述者。那么她是怎么讲故事的呢？

在山鲁佐德进宫之后，她请求国王允许自己和妹妹道别。国王同意了她的请求，并且将她的妹妹请入宫殿之内。在此之前，已经和山鲁佐德对好口径的妹妹向国王提出了一个请求，希望自己能够最后再听姐姐讲一次故事。国王在好奇心的驱使下便答应了妹妹的这个请求。于是，国王就陷入了这对机智的姐妹所布置的“陷阱”当中。

从那之后，山鲁佐德就每天晚上都讲一个杀人的故事。阿拉丁和神灯、阿里巴巴和四十大盗、航海家辛巴历险记……每一个故事都是神秘并且充满激情的，它们富有趣味和想象力。虽然这些故事十分吸引人，但是如果在一个晚上之内就将所有故事讲完的话，同样会引来杀身之祸，在这样的情况下，山鲁佐德就采取了一个非常聪明的战略：她总是在第二天天亮，在故事将要讲到结尾的时候就停下。就像电视剧的编剧一样，在每一集的最后都给观众留下一个悬念，进而诱惑人们产生对下一集的关注。山鲁佐德采用了将故事延长的方法，这就更加激发了国王的好奇心。没有任何一个人能够忍受得住对于“后来”的好奇，即便他是一个十分凶残的暴君。因为国王沉浸在这些魔幻的故事当中无法自拔，所以对于山鲁佐德的处置也就一天天地推迟下去了。

“最终他失去了魔毯，从此再也不能与心爱的公主见面，主人公终日以泪洗面，悔恨不已。”每天国王都会在这样精彩的故事当中度过。

山鲁佐德的故事或是讲述人生的喜怒哀乐，或是讲述凄美的爱情，或是讲述人们的成功与失败……无论是哪种故事，都能够给人以启迪和教训。国王扭曲的内心也在这一个个充满人生哲理的故事中渐渐地平静下来。最终，国王在山鲁佐德一千零一夜的感召下幡然悔悟，将她作为自己终身的伴侣，没有再去伤害那些无辜的少女，并且开始广施仁政，将国家治理得井井有条、繁荣昌盛。

我们试想一下，如果山鲁佐德没有采用讲故事的战略，而是直接说出“陛下，这样下去国家会变得四分五裂，请您三思”这样的谏言，不但不会阻止国王实施暴政，反而还会为自己引来杀身之祸。

故事可以说是伴随了人类的整个发展历程，从古至今，人们对故事都是十分关注的，尤其是在当今社会，人们对于故事的关注度可谓空前高涨。将想要传达的信息通过故事的形式展现出来，这样的方式可以说是受到了众多领域的广泛欢迎。故事之所以能够受到欢迎，就是因为它具有较强的说服力，容易让人们记忆并且效果持久。

在我们的日常对话中，我们同样可以采用故事的形式，但是这个时候我们是不需要采用那些场面宏大的复杂故事的。我们可以凭借饱含真情实感的故事来吸引对方的注意力，也许在一瞬间你就能够抓住对方的心。我们只要领会了讲故事的核心技巧，每个人都可以像奶奶给孙子们讲故事一样，一边说着饶有兴趣的话语，一边向对方的内心深处植入自己的意志和信息，成功达到“洗脑”的目的。

林肯曾经说过：“不管多大岁数，如果没有说话的主题，便会惊慌失措。”如果你想让每个人都对你的发言产生极大的兴趣，吸引他们的注意力，就需要有强大的说服力，而故事正是提高说服力的一个可取的途径。无论对于企业还是个人来说，能够将一个演说通过非常有趣的方式展现出来，你敢说它不是一件非常美妙的事情吗？

可以说，这是一件非常伟大的事情。故事可以让一个简单的发布会变得十分有趣，而乔布斯就恰好利用了这一点。乔布斯的每一场发布会都会让观众目不转睛、神魂颠倒。

可以说，乔布斯的每一场发布会都像一部电影，他利用戏剧当中的反转作用时时刻刻地牵动着听众的心，从而刺激他们想要购买的欲望。凡是参加过发布会的人，都会表现出想要拥有苹果公司所有产品的心。乔布斯作为一个企业家，能够向大多数的消费者植入购买的欲望，不愧为市场营销当中的楷模。

乔布斯总是能利用故事将听众的关注点牢牢地吸引住，同时将自己的意识成功地传达给受众，向我们充分展示出故事的魅力。认知科学的研究成果表明，人们在做出重要决定的瞬间，感性往往是战胜理性的。而故事则是感性的“代表”，所以说故事在大多数时候是能够左右人们所做出的决定的。

99% 的人无法拒绝一个有创意的故事

“开宝马，坐奔驰，家用电器西门子。”

我们是不是对这句经典的广告词十分熟悉。当时，西门子刚刚进入中国，这个时候人们对于西门子品牌并不是很熟悉，但是宝马、奔驰这些高端豪华的形象却已经深入人心。于是西门子就创意性地想到了这句广告词。这句广告词不仅读起来朗朗上口，同时也向大众传达了自己是和宝马、奔驰品牌齐名的德国企业，具有和它们一样的高品质。正是由于这句极具创造性的广告词吸引了大众的眼球，所以西门子公司才顺利地打开了中国市场。

从西门子的案例中，我们可以充分看出创意的力量，人们对于有创意的东西都拥有极大的兴趣，因为有创意的东西经常都是打破常规，另辟蹊径地做出让人意想不到的东西，给人带来“新鲜”的体验。

创意同样也是伴随着人类的发展，它起源于人类的创造力、技能和才华，创意来源于社会又指导着社会的发展。人类是创意、创新的产物。类人猿首先想到了造石器，然后就开始动手动脚制造石器，制造出石器的类人猿就变成了人类。人类是在创意、创新中诞生的，也要在创意、创新中发展。所以说，人们是不会拒绝有创意的东西的。对于故事来说，也同样如此。

美国有一家出版商，手里有一批滞销了很久的书不能脱手。于是出版商就将书送给了总统一本。除此之外，还三番五次地向总统征求意见。忙于公务的总统实在是没有时间与其进行纠缠，于是就随口回复了一句："这本书不错！"正是这样随口的一句话却让出版商如获至宝。出版商利用这句话开始大肆宣传，他们对外宣称："现在有总统喜欢的书出售。"借着总统的噱头，这批滞销的书很快就销售一空。

但是没过多久，出版商又遇到了同样的问题。于是又采用了同样的方法，将书送给了总统。总统吸取了上次的教训，想奚落一下他，于是就对他说："这本书糟透了！"出版商听到这句话之后，同样是喜出望外。这次他同样也是利用总统的回复打出了这样的广告："现在有总统讨厌的书出售。"结果，人们在好奇心的驱使下争相购买，书又一次被抢购一空。当出版商将书第三次送给总统的时候，总统吸取了前两次的教训，没有给出任何答复。但是出版商却打出了这样的广告："现在有总统难以下结论的书出售！"凭借这样的广告，出版商又大赚了一笔。

出版商每次都会利用总统的噱头，加上自己的创意，让自己获利，我们可以看出充满创意的故事所具有的力量。丹麦作家罗尔夫·詹森在其著作《梦想社会》一书中用丹麦鸡蛋广告和消费的例子，向我们讲述了创意故事的力量。

"丹麦市场上 50% 的鸡蛋都来自于放养的鸡。这是由于消费者不喜欢让鸡待在狭小的笼子里，而希望它们能自由地接触天空和大地。消费者需要的是一种回归产品，他们希望鸡蛋用原始的方法生产出来。但是由于这样的生产方式需要大量的劳动力，成本是非常高的。但是消费者却宁愿为鸡蛋背后的故事多付 15%~20% 的价格，他们宁可多掏腰包也要得到有关动物成长方式、田园风情和美好往昔的故事。我们把这叫作经典的梦想社会逻辑。尽管两种鸡蛋的质量相仿，但消费者更加青睐有动人故事的鸡蛋。”

为此罗尔夫·詹森得出了这样的结论：“人们在购物时，不仅单单考虑产品的价格是否低廉，同时也将其中的寓意和象征作为消费的要素进行参考。”其实，这里所说的寓意和象征就是一个故事的理念。

这就是创意故事的魅力所在。当我们想要获得他人对于自己的认可或者是重新塑造形象的时候，我们都可以灵活地运用故事。在推广差别化很大的理念时，如果将它植入到一个故事当中，就可以极大地提高产品的价值和形象。

有创意的故事往往都是来自于有创意的理念，那么创意理念又是什么呢?

创意理念是作品、产品、演出、活动中所呈现的想法。将其自身所要传达的核心理念作为骨骼，并将与之相符的故事作为血肉的过程，就是讲故事。

我们想要抓住创意理念，首先要确定一个目标，这样有利于我们更好地把握方向。在定好目标之后，我们就要彻底分析接受信息的对象。只有经历了这样的过程，我们的故事才能更加精彩，更加有创意，更加有针对性。

要想通过故事获得成功，我们就需要创作出一个整体信息能够紧密联系，并且包含听众需求的创意理念的独特、新颖的故事。

一个好的故事想要更好地展现在受众面前，充分发挥它的效用，就需要一个好的讲述者。因为故事可以发挥巨大的作用，所以在如今的人才选拔当中，是否拥有“故事能力”也成了一个重要的选拔标准。美国未来学者丹尼尔·平克认为未来社会的最高领导者将是故事型人才。哈佛大学认知心理学教授霍华德·加德纳也提出了“领导者讲故事”的核心理念。领导者讲故事也成为加德纳有关领导力方面的核心理论。

我们如何才能成为一个有“故事能力”的人才呢？这就需要我们掌

握讲故事的五个核心点。

一、热情。在讲故事的过程中，如果你缺乏热情，就很难调动起听者的积极性，也就很难触及他们的内心。你的热情程度也就决定了对方的反应程度。

二、英雄。英雄在每个人心中都有着崇高的地位，他们往往都是解决困难、化解纠纷的人。如果在故事中用上英雄的事迹，故事的说服力就会得到提高。故事中的英雄可以是讲故事的本人或者其他人。

三、恶人。人们都不喜欢恶人，但是它却是故事当中一个不可或缺的因素。恶人可以让故事变得更加丰富多彩，也只有恶人才能制造出难以克服的障碍和难以预料的事件。除此之外，恶人的存在能够衬托出形象高大的英雄，让英雄的形象更加鲜明。

四、感悟。故事讲述者必须传达出自己的思想和感悟。通过自己对故事的感悟可以改变听众的人生视角，从而给其留下深刻的印象。

五、感动和变化。通过英雄克服恶人所制造的障碍和麻烦，最终取得成功这样的故事，就能让听众获得感动，同时也能激起他们想要改变自己的想法。

除了要掌握讲故事的五个核心点之外，我们还要知道故事的构成要素。

一、主题。每一个故事都需要一个鲜明的主题。主题是故事的核心理念，登场人物的心理变化原因，故事的最终结尾以及通过故事想要传达的信息或者是疑问等。

在意大利作曲家维瓦尔第的经典曲目《四季》当中，它的主题就是季节；在喜剧《摩登时代》中，它的主题就是讽刺机械化起步时代劳苦人民的悲惨生活；诗歌《金达莱花》的主题是离别忍耐。由此我们可以看出，所谓故事的主题可以是几个词语，也可以是几句话。

二、背景。在舞台剧的演出当中，我们经常会看到有一些道具作为背景。虽然背景所占的比重不是很大，但也是不可或缺的一个因素。我们只要能够做到让观众看出“这是树，那是花”这样的程度就可以了。

三、人物。人物是引导故事发展的主要线索。在讲故事的时候，我们需要通过人物的各种行为来推动故事的发展。

我们要掌握这些讲故事的要点，不断地提高自己的“故事能力”，再加上自己的创意，争取做一个符合时代发展的“故事型人才”。

第七章

不会讲故事，你还怎么带团队

故事就是领导力

许多企业的领导者，他们在管理上都是十分严肃的。因为在他们的眼里，管理是一件非常神圣的事情，如果不能够严肃地对待，就会失去领导者的权威，在他们的眼里，领导和员工之间的关系就是“下达命令”和“执行”的关系。

其实，在现代企业的管理当中，通过简单的行政命令来解决问题已不再被推崇。随着时代的变化，现在企业员工更加推崇的是个性，如果管理他们仍然是通过下达各种命令来完成，那么就会促使员工产生反感、厌恶甚至是抵触的情绪，久而久之，就会激起企业内部之间的矛盾，这就会让管理者十分头疼。但是，管理者如果是一个讲故事的高手，这样的问题就会很轻松地解决。

在现代企业当中，工作变动可以说是十分常见的事情。对于管理者来说，就更是屡见不鲜了。对于职业经理人来说，换工作应该是一件很简单的事情，但是想要更好地融入一家新公司却是十分不容易的一件事情。因为，对于很多职业经理人来说，要想快速地让下属接受他们，是他们在职场中面临的重要难题。

有这样一位职业经理人，他跳槽进入了一家新的企业当中，在入职的第一天，公司就举办了一场员工大会。老板举办员工大会主要有两个目的，一是介绍这位新来的总经理，二是想要看看他的表现。

俗话说："新官上任三把火。"每当企业空降一位新领导的时候，就会受到全公司的瞩目，人们都想看看他会有怎样的表现。

面对这样的情况，也许大部分人都会先来一段四平八稳的自我介绍，或者是讲一些豪言壮语来表决心，还有的也可能会表现得十分平和，以此来拉近和员工之间的距离。通常情况下，这样的方法，效果都不是十分理想。

于是这位总经理就采用了一种不一样的方法，他决定讲一头驴的故事。他一开口就引起了全体员工的哄堂大笑。但是这并没有影响到这位总经理，他没有理会员工们的嘲笑，而是继续讲下去。

> 一头驴掉进了枯井里，主人想要把它救出来。但是围着枯井转了几圈之后得出了这样一个结论，他认为只有把驴埋了才可行。因为驴子已经很老了，早就不值得去救了。于是就叫人来帮忙将驴埋掉。
>
> 这头驴看到井边围了很多人，以为是来救它的，就安静下来。但是，当土不断地落在它的背上的时候，它开始感到恐慌，于是就拼命地大喊。然而人们并没有理会它的叫声，仍然继续往下扔土。这个时候，驴子只好拼命地抖掉身上的土，并将土踩在脚下。随着土越来越高，这头驴轻松地走出了枯井……

当他讲到这里的时候就停下了，这时的会场非常安静，人们都在等着经理揭晓答案：这头驴到底和总经理之间有着什么样的关系？

看到员工们期待的表情，这位总经理说道："我现在再说我就是那头驴，大家还觉得可笑吗？"

出乎意料的是，没有一个员工嘲笑他，在沉默了片刻之后，台下突然响起了热烈的掌声。

在掌声渐渐停下来之后，这位经理人开始说出他的观点："当我们在面对生活的困难和挫折的时候，我们应该像驴那样，将它们踩在脚底下，并利用它们为自己创造出新的辉煌。"

这位经理人用一个成功的故事，营造了一个轻松诙谐的气氛，为自己树立了一个诚恳谦虚、敢作敢当、不惧挑战的形象，又鼓舞了员工们的士气，与此同时，在轻松的氛围之下，成功地拉近了自己与新团队的距离。

在如今的企业中，团队之间的合作是非常重要的。我们在企业当中的角色不是固定不变的，而是扮演着很多角色。在很多时候，我们既是领导也是下属，总是在说服和被说服间来回转换。因此，在很多企业当中，中层领导都喜欢用讲故事的方式来劝谏更大的领导，或者是采用迂回的方式来表达自己的观点。有学者认为，这是中国人中庸之道的一种表现形式。但实际上，这是故事对人内心影响的方式。历史中，那些有名的臣子大多都是讲故事的高手，他们在解决皇帝所提出的问题时，经常会用讲故事的方式来让皇帝悟出道理，因为这是非常保险的一种方式，直言进谏经常会存在着很大的危险。在当今企业当中，竞争压力很大，作为企业的中层领导同样需要学会对自己的老板讲故事。

2009 年金融危机爆发，大卫所在的一家公司受其影响，陷入财务危机。当时又临近年终，为员工发放年终奖的事情让公司的董事长非常担忧。如果不能按照之前的承诺给员工发放奖金，就会影响员工的士气，对公司的发展是非常不利的；如果按照之前的承诺照常发放奖金，公司又拿不出这样一笔金额巨大的资金。这让董事长非常为难。

这个时候，只能让手底下的人来出谋划策了。于是身为财务总监的大卫就被叫到董事长办公室。

面对这样的问题，大卫想了一会儿，他决定给董事长讲一个关于自己上学期间的故事：

在我上大学的时候，每当秋天来临的时候，操场上都会堆积一层厚厚的树叶。这个时候，打扫操场就成了学生的一项工作。但是，却很少有人愿意去做。因为落叶扫了一遍又一遍，总也扫不干净。除此之外，还有一件让学生畏惧的事情，那就是给门口那只凶悍的大狗喂食。在这个时候，如果我们想说服一个人扫操场就会对他说："嘿，杰克，你来喂门口那只狗怎么样？"这个时候被询问的人肯定会拒绝，那么我们就要接着抛出另一个事项了："如果是这样，那你只能去扫操场了。"通常情况下，被派去的人都会欣然地接受这项任务。因为，相对于打扫操场这件糟糕的事情，喂门口那只凶悍的大狗就是更加糟糕的一件事情，在这个时候，前者就会变得让人容易接受。

董事长听完这个故事之后，豁然开朗，于是就采取了以下这样的措施：

没过两天，公司就开始盛传"公司受经济危机的影响面临破产，不得不进行裁员"这样的流言。这样的流言让员工们惶恐不安，纷纷四处打听消息。终于在几天之后，董事长召集全体员工开了一次会议，在会上，董事长澄清了谣言，并宣布年终奖照发，但是每个员工的年终奖金减少一半；裁员也不会一刀切，会根据各个部门的实际情况进行。

员工们听到这样的消息后，顿时欢呼雀跃，感动不已，年终奖的问题也得到了顺利解决，可谓是一个皆大欢喜的结局。

故事，往往会让复杂的事情变得简单，也会让你的观点更加具有说服力。

多讲些小故事，少说些大道理

对于那些不善于用故事的形式来表述自己观点的人来说，或许他们认为讲故事不是自己做事的风格，因此他们也始终不会得到讲故事的要领。诚然，不讲故事同样也能把事情做好，但这也意味着你将要付出比别人更多的努力和劳动。

“我做不到”，这经常是失败者的态度。但是如果你一味地沉浸在那些陈旧的思想当中，不去尝试新的东西，也就意味着你会失去很多机会。你放弃了更好的职业发展方向，放弃了和同事之间融洽的关系，放弃了更多的财富以及更多的职业满意度。这个时候你仍然在原地故步自封，坚持自己原有的计划，不在讲故事上进行投资，那么你也应该反思一下你所失去的那些巨大回报。

鲜活的事实和平淡的陈述，你会更喜欢哪一个？答案肯定是前者。因为，单纯地用道理传达你的观点已经显得非常落后了，而熟练地用故事去传达信息能够使你更加容易接近成功。

李敏，是一位成功的女人，她在自己的事业上取得了不小的成就。这位 30 岁的经销商十分擅长把时尚界和财经界的大亨们聚到一起，然后在聚会中悄然无声地推销出自己的产品。这样的能力让她拥有了财富和权力。

物质上的丰富经常会带来精神的贫乏。李敏也遇到了同样的问题，她感觉自己的生活十分空虚，为了能够在精神上得到充实，她决定离开城市，到一个边远的乡村，为那里的人们提供医疗服务。在那里，李敏担任的是一支医疗队的摄影记者，这份工作可以说带她进入了另一个截然不同的世界当中。

在那里，她每天都要面对很多的病人，他们来到医疗队寻求帮助，希望医生可以医治各种令他们衰弱不堪的疑难杂症。而李敏用她的镜头记录下了这些令人震惊的贫穷和痛苦，以及这些贫苦人民的奋斗过程和面对生活的勇气。可以说，她在那里的每一天都是充实的。

不知不觉过去了八个月的时间，她回到了原来生活的城市。回来之后，她并没有恢复之前的那种生活状态。在乡村的这几个月当中，她发现村民身上的很多疾病，都是因为他们缺乏必备的科学常识而导致的，她决定在这方面做一些事情。于是，她就开始着手成立一个以自己名字命名的读书基金会，通过募捐的形式大量收集山区需要的图书。

她的这个想法遭到了大多数人的反对，但是她并没有因此而放弃。她从身边的朋友开始宣传，呼吁他们捐赠图书或者捐款。之后，李敏又通过接受媒体采访和在微博上分享自己在乡村的那些真实经历以及她做这项公益事业的动机等筹集善款。李敏凭借这些故事以及真实的讲述，震撼了许多人的心灵，很快她就收获了大批的粉丝。同时，李敏用她拍摄的短片和图片向人们说明了进行这项事业的迫切性，希望能够唤起人们的共鸣。在李敏的各种努力下，这项公益事业进行得如火如荼，取得了很大的成功。她成功募集到了能够捐助两个地区的书籍，远远地超出了她当初的预想。李敏没有单纯地依靠各种统计数据，而是通过一个个扣人心弦的故事，引起人们的思考，让人们去想象那些村民的生活是什么样的，并为他们提供了生动形象的画面，从而获得他们的“同情心”。

在这个案例当中，李敏只强调真实性。因为越真实的故事感染力就越强，而人们也会通过这样的事实将你和你的事业相互联系起来。

可以说，李敏通过讲故事的方式完成了一份伟大的事业，向我们展示了用故事的方式来做事情比单纯地讲道理更加实用。这样的方式不仅在商业活动中十分有效，在其他领域同样也是非常受用的。

苏步青是一位非常著名的数学家。在他上小学的时候，成绩并不是很好，几乎“霸占”了所有考试的最后一名，这种情形就如同把名次靠前的同学的名字“背”在自己身上一样，于是他就有了“背榜生”这个称号。

有一次他逃课被老师发现，老师对他进行了一番批评教育，老师对他说道：“你不读书，别人怎么会看得起你呢？看不起你的原因，不就是因为你是背榜生吗？如果你考前几名呢？你知道牛顿吗？小时候的牛顿也是生长在农村，到城里之后成绩也不是很好。他遭到了同学们的嘲讽和欺负。有一次，他还被一个成绩名列前茅、身体很壮的学生打趴在地上。之前的牛顿都不敢惹这个同学，但是这次牛顿却被激怒了。牛顿从地上猛然跳起，将那个打他的同学逼到了墙角。那个同学见到如此勇猛的牛顿，害怕起来，从此以后就再也不敢欺负牛顿了。牛顿也从这件事中受到了启发，只要有骨气、肯拼搏，就能够获得胜利，就不会遭到别人的欺负。从此以后，牛顿开始发奋学习，学习成绩也是直线上升，再也没有人敢嘲笑他，最终他成了伟大的科学家。”

老师的这一系列反问，让苏步青认识到了自己的错误，通过讲述牛顿的故事，让苏步青认识到了一位伟大的科学家是如何克服自身的弱点而发愤图强的，这给他的心灵带来了极大的震撼，激发了他学习的动力。在此之后，苏步青再也没有逃过课，而是努力学习，使自己的学习成绩有了大幅度的提高。

苏步青的老师并没有给他讲述太多的大道理，仅仅是通过一个简单的小故事就取得了很明显的效果，可以说用一个故事挽救了“一位迷失的数学家”。

作为日本四大经营之圣之一的稻盛和夫出版过许多书。他比较出名的两部著作是《干法》和《稻盛和夫的实学》。但是读者更加青睐他的《干法》，因为在这部书里有许许多多的小故事。例如，“当年他从一个三流大学毕业，艰难地找了一份工作。之后他想跳槽，公司需要一份户口簿的复印件。但是他的哥哥却认为他这是不安心工作，就没有给他寄。于是，他就被淘汰了，而另一位和他一起面试的同事被录取了。”还比如，“他为了让新的陶瓷管干燥后不变形，想了很多办法，但是一直也得不到解决。后来，他干脆直接抱着管子坐在炉边，通过慢慢地转动来烘烤，竟然在不知不觉中睡着了。”通过这样的小故事，让我们看到了生活中的稻盛和夫其实和平常人并没有什么区别，他的成功也是通过不断努力得来的。有时候越是这样平凡的故事越能够感染人。相反地，如果只是一味地堆砌一些大道理，那么就会让阅读的人一目十行，根本达不到阅读的效果。

通过故事能够让自己所要传达的观点更加清晰，也让简单枯燥的大道理变得趣味十足，从而达到更加容易说服人的目的。同时，通过故事，我们自身也会得到一定的启示，也会从中学到更多的东西。

好故事缔造非凡凝聚力

管理大师诺尔·迪奇总结出了三种常用的故事类型：第一种是“我是谁”，也就是讲述自己值得分享的经历、成功或失败的经验，用自己的故事来打动人心；第二种是“我们是谁”，也就是讲述关于同舟共济的故事，让全体员工的心都凝聚在一起；第三种是“我们要去哪里”，也就是讲述企业未来发展方向的故事。这三种故事也正是我们要搜集和整理的方向。

在世界上的许多知名企业当中，“讲故事”和“听故事”都是重要的工作环节。耐克公司为了培养员工讲故事的技巧，专门设立了一个“首席故事官”的岗位，还规定每位新员工必须听一个小时的公司故事。直到今天，“听故事”仍然是新员工的头等大事。在公司当中，首席故事官和其他高层经理不辞辛苦地对所有员工讲述“我是谁”“我们是谁”“我们要去哪里”的故事，从而帮助员工理解、认同公司的文化，激发员工的工作激情和创新能力，增加他们相互团结的力量，从而实现公司的可持续发展。

在通常情况下，企业的生命力是有限的，真正能做到百年老店的企业可以说是少之又少。因此，如何能够让企业长期保持活力，在不断变化的市场中立于不败之地，让企业的生命时间尽可能地延长应该是每一个企业都要考虑的问题。

企业的生命力要延长就需要传承，如何让继承者像创业者一样，保持激情和创新能力，持续地维持企业的活力呢？这个时候，理念的传承是非常重要的，总结起来，就是要建立独特并且不可替代的企业文化。那么如何将这种文化一代接一代地传承下去呢？最好的方式就是故事。

在企业的发展当中，肯定会发生大大小小的事情，而这些事情就是故事最好的素材，这些故事被员工们讲述出来、记录下来，从而将这些故事一代接一代地传承下去。这些触动人心的故事在长时间积累的过程中，不断地被深入挖掘，进而提升到精神层面上，从而成为企业文化的重要组成部分。

我们从过往和现存的优秀企业的经验中就能发现，那些曾经经历的故事和当下发生的故事，是企业传承的良好载体，同样也是企业通向成功之路的重要载体。这一点，我们可以从各种版本的商业故事以及形形色色的影视作品当中找到相应的影子。

企业发展的种种事件随着时间的推移，在人们的传承当中被逐渐地打上企业的烙印。当我们想到某一个故事的时候，就能够想到和这个故事相对应的企业。例如，提到“水库理论”，我们就会想到松下；提到“砸冰箱”，我们就会想到海尔集团；提到“执着追求”，我们就会想到丰田……可以说，这样的例子比比皆是，他们的故事被人们所传颂，激励着企业的员工，促进着企业的发展，成为企业历史的剪影。

世界著名水晶品牌施华洛晶莹剔透的故事就有着如此的功效。施华洛世奇于 1862 年诞生在波西米亚伊斯山的一个小村庄；少年时代的施华洛世奇和父亲学习宝石的打磨，用于装饰胸针、发卡等饰物；战后，随着仿水晶饰品用来装饰奢华服装成为时尚，施华洛世奇生产出第一件仿水晶镶进金属或塑料中的新产品，用作燕尾服、鞋、婚纱的点缀；在

20世纪50年代与Dior合作，研制出一种有涂层的仿水晶石北极光，时至今日，仍为大牌设计师的首选服饰饰品；20世纪末，施华洛世奇以天鹅作为公司的LOGO，一只由施华洛世奇资助并命名的天鹅被送回英国西南部的水鸟天堂；在施华洛世奇成立百年之际，公司在瓦腾思修建了一个主题公园,并将其命名为“水晶世界”,成了奥地利著名的景点……这一个个晶莹剔透的故事向人们展示着它的发展史，在人们对它不断进行了解的同时，它的发展史让人们一目了然，同时也让企业的员工为此感到自豪和骄傲。

在IBM，总裁小托马斯·沃森经常向员工们讲述这样一个寓意式的故事：“野鸭子每年冬天都要从北方飞到南方，可是一些北方人因为喜欢野鸭子，经常为它们投放食物。于是，一些野鸭因为贪恋这些食物就留在北方的池塘里，并渐渐被驯化成了家鸭，最后它们连飞都飞不起来了，最终只能活在农家的院舍里。”在故事的结尾，沃森也总是把自己的结论告诉给他的听众：“你能把野鸭驯服成为家鸭，却不能把家鸭训练成为野鸭。IBM不需要被人驯服的鸭子，而是希望员工们都能成为充分发挥自己最大才华与潜力的‘野鸭子’。”实际上，沃森是把“野鸭精神”融入企业创新当中，他采取种种措施激励员工创造发明，不断开发新产品，IBM也因此获得了国外市场的制胜权，而“野鸭精神”也在IBM深深地扎下了根，成为它迅猛发展的不竭精神动力。

可以说以上两个案例都成功地说明了故事在企业文化建设中所起到的重要作用，那么企业家们应该如何演绎一个成功的企业故事呢？如何让它成为企业历史传承的“见证者”，企业精神的“教化者”，企业理念内化的“阐释者”？

事实上，企业的每一个员工都可能成为企业故事的主角，也都有可能成为企业历史中必不可少的创造主体。一般来说，创造性、活跃性强的员工都适合充当创造者的角色，创造性强、活跃性低的员工则适合充当故事分析者的角色，创造性弱、活跃性强的员工则适合充当故事传播者的角色，而那些创造性、活跃性都弱的人则是故事必不可少的听众。在这样的配合之后，就形成了一个相互配合的团体，企业在这样的氛围当中成为一个充满传奇故事的企业，并且在这样的形式之下，企业的精神能不断得到发扬和传承。

但是，在通常情况下，一个原生态的故事往往具有多方面、多层次的文化人类学内涵。因此，对于原生态的企业故事做出合乎理性的诠释就显得尤为重要和必要。事实证明，通过对企业故事的诠释、提炼和升华，可以探讨出许多具有深刻哲学意味的东西，从而充分发挥企业故事在传播、内化精神和理念方面的重要作用。经验告诉我们，对企业故事进行有效诠释的最重要的方法就是：故事理念化，理念故事化。也就是要将企业所倡导的一条条文化理念和文化精神融入故事情节当中，通过发生在企业里的人、事、物的现实经验、事迹，甚至引用寓言故事，来具体化和形象化，从而使员工从这些事迹或者故事当中，理解企业文化的内涵和意义，明白自己应该做什么，应该追求什么，不应该做什么，从而慢慢实现企业文化的自觉。一般来说，凡是企业文化建设比较优异的企业，都会将企业文化故事化、形象化、实例化、通俗化、趣味化，运用能够代表企业文化"精神内核"的具体故事来教化员工。韦尔奇故事、松下故事、华为故事、海尔故事，都是理念故事化、故事理念化的典范。而这些企业的企业文化是非常好的，企业员工之间也是非常团结的。

企业故事既是一个企业不断传承的精神动力，同时又是企业文化的重要组成部分，任何一个企业的发展都离不开它。无论是企业自身的发展故事，还是借用寓言等故事，总之，要想让一个企业更好地发展，就要让企业拥有足够多的故事。

谁的故事多，谁的本领就大

在现代商业活动中，要想让自己的产品在市场中占有更大的份额，在自己的产品背后就要有一个产品故事，它会收到无论请多大的明星代言都达不到的效果。通常情况下，品牌背后故事的多少决定了它在市场中所占的份额。产品的销售也是需要人物和人物背后的故事来推动的。

在生活中，一个普普通通的人是很难被记住的，能够让人记住的人背后必定有着一个感人至深的故事。就像在选秀节目中，每个人的背后都必须有故事，它们或是自己奋斗的经历，或是亲情故事，或是自己所遇到的各种困难，等等。对于很多老百姓来说，很少有人懂得专业知识，他们唱得好与坏、跳得好与坏对于常人来说根本就是没有多大差别的，能够吸引他们的大部分就是这些选手背后的故事。老话讲，“谁有故事，谁就赢了”，这句话在现代社会中同样适用，通常情况下，有故事的人能够更好地被人记住。这里所说的“人”不单单是简简单单的自然人，它也可以是一个团队、一个组织、一个产品或者是一个品牌。

在三国的时候流传着“卧龙凤雏，得一可得天下”的说法，由此我们可以看出，一个有故事的人在创业团队中可以起到决定性的作用。对于古时候的人来说，他们的主要创作市场就是在战场上。在这样的情况下，一个武将有多少故事也就成了创业的重要因素，同时也决定着他是否能够成为一个“名牌产品”。武将们在战场作战，与其说他们在比武，还不如说他们是在比故事。因为，每一个冲锋陷阵的将士背后都会有故事，如果一个将士的故事越多，也就说明他的经历越多，他所参加的战争也就越多，那么他的本领也应该是越强的。

这些“名牌产品”通常会对刚刚创业的同行表现出不屑的神态，在他们的眼里也只是一些“无名之辈”而已。的确，在战场对垒的双方，战斗的结果还未定，但是故事已经有了明显的优劣。

在现代企业中，企业大佬们同样注重故事在创业过程中的重要性。我们都知道上汽集团的总裁胡茂元，我们也知道伊索，但是要问你这两者之间有什么样的联系，也许大多数人都会感到很迷惑。事实上，他们存在一个共同的特点，那就是他们都十分擅长讲故事。

伊索擅长讲故事便有了《伊索寓言》，胡茂元擅长讲故事便有了上汽版的《伊索寓言》，上汽集团把这些小故事编成了十几本小册子，在汽车行业广为流传，受到了汽车创业者的追捧。

其实，这些都是一些非常简单的故事，但是聪明的胡茂元却懂得根据不同的情况来讲故事，他的故事十分具有针对性，这样就会使听者得到很大的启发。例如，他在分享中外合资成功经验的时候，就会讲“天堂与地狱”的故事；在强调要不要拥有自己的技术开发能力时，他讲“羚羊与猎豹赛跑”的故事；而针对上汽集团要不要“走出去”的问题时，他又引用了“胖子和瘦子”的故事；在阐述“零缺陷”管理时，他讲述的是“阿喀琉斯的脚后跟”的故事。可以说，每一个故事都让人印象深刻，在给人启发的同时又将自己面临的问题解决掉，将自己所要传达的观点清晰地展现在人们面前。

但是，他并非阿喀琉斯那样的英雄人物，在汽车界，他得到了人们对于他这样的评价：他不高大伟岸但志存高远，不咄咄逼人但睿智聪明，不口若悬河但姿势稳固。他用一个个故事，为自己树立了一个“故事大王”的形象。让我们来看看这位故事大王是怎样讲故事的。

其实，“天堂和地狱”的故事和胡茂元的野心无关。他说：“上帝领着一个人到地狱，这个人发现地狱里的人都瘦骨嶙峋，他们都用一个特制的勺子喝粥，勺子的把特别长，勺子的头很小，舀出的粥都撒在了地上，这样人们就喝不到粥了，但是桶里的粥却没有了，人们喝不到粥就互相埋怨，互相憎恨。上帝又把这个人带到了天堂，这里的人和地狱的人采用的是同样的勺子，喝的也是同样的粥，但是这里的人却都长得胖乎乎的，也都笑逐颜开的，原因就是他们会把舀出来的粥喂给别人，这样你喂我，我喂你，结果大家就都喝到了粥。”

胡茂元对此说道：“上汽集团和通用的合作要像天堂的画面一样，体现共赢，需要合作双方互相帮助、付出爱，如果仅仅合了资，但不在各个环节上真正合作，那就只能像地狱中拿着长把勺子想自己喝粥的人一样，只能看着一锅粥没有任何办法。”

有一次，为了能够让员工明白“零缺陷”管理对于企业应对市场竞争重要性的时候，胡茂元运用了“阿喀琉斯的脚后跟”的故事：

> 在古希腊神话中有一位伟大的英雄阿喀琉斯，他有着超乎普通人的神力和刀枪不入的身体，由于这样的一个身体，他在战争中战无不胜，取得了很多战功。但是在阿喀琉斯为攻占特洛伊城奋勇作战之际，站在对手一边的太阳神阿波罗却悄悄射中了他，随着一声惨叫，强大的阿喀琉斯倒在地上。原来这支箭射中的是阿喀琉斯的脚后跟，这是他身上唯一的弱点，只有他的父母和天上的神才知道这个秘密。在他还是婴儿的时候，他的母亲海洋女神特提斯就曾捏着他的右脚后跟，把他浸泡在神奇的斯堤克斯河水中，被河水浸泡过的身体变得刀枪不入，接近神的身体。但是被母亲捏着的右脚由

于没有浸泡到河水，也就成了他全身上下唯一的弱点，正是这唯一的弱点让儿子丢失了性命。

胡茂元说：“由于局部细微的弱点而导致全局的崩溃，就是这则寓言所解释的道理。质量管理也同样如此。企业生产经营的每一个环节，与市场销售及售后服务都密不可分，一个零部件装配的失误，就可能给整个企业带来巨大甚至致命的损失。因此，一定要全力把好质量关。零缺陷管理就是对质量控制与保证的管理创新。”

其实，胡茂元之所以讲这样一个故事，是因为一个小卡簧的事件，这件事虽然过去了很长时间，但是仍然令所有员工都记忆犹新。

在若干年以前，公司的一名操作员在只需要安装一个卡簧的配件部位，误装了两个卡簧。之所以造成这样的失误是由于组成包装供应的卡簧外边抹上了一层黄油。由于卡簧很小，装配工本来只想拿一个，但是不小心让黄油粘上了一个。

这显然是一起由于疏忽而造成的意外事故。虽然是一件小事，却让当时在任的胡茂元陷入了苦苦的思索当中：“怎样才能做到把对产品质量的事后检验变为更为有效的事先预防呢？”胡茂元不停地思索着这个问题，之后便开始了一系列管理制度的改革。就这样，一个小小的卡簧引发了一次重大的质量变革。

如果胡茂元在处理以上事件的时候没有引用这些小故事，而是用一些大道理和空洞的字眼来解决，那么听众就很难有听下去的动力。除此之外，胡茂元在和外方的谈判当中，同样也会用讲故事的方式来表达自己的观点，这样就会让外国人更加有效地接收到信息，从而摆脱了纯粹的中国式的“晓之以理”。

正是由于胡茂元独特的“晓之以理”的方式，让他获得了巨大的成功，让上汽集团走出了国门，走向了世界。

好故事可以拉近彼此之间的距离

故事实际上是一种价值观的传递，好故事通常会传递出正确的价值观。每个人都会有价值观，大多数人也都在追求着正确的价值观。因此，好的故事也就能够拉近彼此之间的距离。尤其是当你想要去说服别人的时候，硬搬大道理是很难达到理想的效果的。

美国众议院国土安全委员会主席彼得·金就是用故事获得了大多数人对于“恐怖组织‘基地’成员的做法促使了美国部分穆斯林激进化”这一观点的支持。

在他提出要对激进化程度进行调查的听证会上，这一提议遭到了一百多个组织的抗议。这一提议更是遭到了穆斯林·埃里森的抗议，他面对媒体的时候，提出了自己的看法，他认为穆斯林受到了听证会不公正的聚焦。他阐述了自己的理由，认为调查激进化是应该的，可单单列出穆斯林的做法是错误的。

因此，埃里森讲述了一个故事为自己的观点提供了佐证。他在会议上讲述了一则关于默罕默德·所罗门·哈姆达尼的故事。

哈姆达尼是一位阿拉伯的消防员，可是在“9·11”事件中，他为了解救双子塔中被困的人员，牺牲了自己年轻的生命。通过这个故事，埃里森揭露了某些人为了提醒公众对穆斯林的关注，从而抹杀了哈姆达尼为国家做出的牺牲。

埃里森通过这样一个故事，加上动情的表演，为自己的观点添加了更加有利的证据。

对于领导来说，如果在解决某个问题的时候，或者是想要传达一个观点的时候，精心选择一个故事，用故事的形式将它们表现出来，这样不仅会很快地被员工理解，还会提升你在员工心目中的好感度，从而拉近你们之间的距离。

美国著名的成功学家、成功教育家卡耐基有一次去参加了一个重要的学术演讲。在走之前，秘书莫莉将演讲稿放进了他的公文包。在演讲开始的时候，卡耐基就按照演讲稿上的文字念了起来。但是，台下的人却爆笑如雷，议论纷纷。

这个时候，卡耐基意识到自己的演讲稿肯定是被莫莉给弄错了，但是凭借着多次的演讲经验，他成功地完成了演讲。在演讲结束之后，卡耐基回到办公室，莫莉问道："先生，今天的演讲怎么样？"卡耐基说："非常成功，我收获了很多掌声。"莫莉开心地说："祝贺先生。"看到莫莉由衷的微笑，卡耐基想到了她今天所犯的错误，于是就给她讲述了在演讲中的故事。

卡耐基说："莫莉，我今天演讲的主题是教会大家如何摆脱困难。我打开我的演讲稿，按照演讲稿读下去之后发现了一个小插曲，观众们都笑了。你知道这是为什么吗？"莫莉说："那肯定是您的演讲太精彩了，人们都被您的演讲逗笑了。"卡耐基接着说："是很精彩啊，我给大家讲的是如何让奶牛多产奶的故事。"听完这句话之后，莫莉的脸唰的一下就红了，她不好意思地说道："先生，都怪我太粗心了，把您的演讲稿整理错了。"在这之后，莫莉做事十分认真，再也没有犯过类似的错误。

试想一下，如果卡耐基直接指出莫莉的错误，或者是对她进行一次严厉的批评，也许就会打击到莫莉的自尊心，不仅不会让她很好地意识到自己的错误，反而还会觉得自己是委屈的，还可能会对卡耐基产生怨恨的情绪。每个人都避免不了犯错误，但是如何指出别人的错误并且让他愉快地接受就是一门学问了。

无论是在生活还是工作当中，谁讲的故事好听，谁就能获得更多的支持。一个合情合理的故事能够消除彼此之间的误会，拉近彼此之间的距离。那么我们应该怎样讲故事，才能够拉近彼此之间的距离呢？

首先，要有一个明确的观点。一个好的故事不仅仅是有趣那么简单，还要传达出明确的观点，让别人通过你的故事知道要做什么，该怎样去做。这样的故事才更加具有说服力。

其次，要为自己的故事寻找一个合适的案例。在你的身边总是会有一些和观点相符的案例。它们或是可以直接支持你的观点，或是可从反面证明你的观点是正确的。就比如，你想说服一个人好好吃饭，那么你可以列出一些不好好吃饭而生病的例子。

再次，我们最好选择一个真实感人的故事。要将你的观点和故事的发展紧密联系在一起，让你的观点随着故事的不断深入而展开，这样的观点才会更加具有说服力。

最后，运用恰当的情感。在讲故事的时候，将自己的情感淋漓尽致地表现出来也是非常重要的。要让观众体会到故事的着重点，体会到故事所要表现的主题，以便听众能够更好地理解你想要传达的观点。

但是，我们还要注意的一点是讲故事要根据场合进行，因为不是所有的场合都适合讲故事。有的时候需要我们直接进入主题，快速地表达出自己的观点。在这个时候，你所提出的事实和数据本身同样可以成为一个故事。

企业的领导在为员工讲述未来的目标的时候，很多人都喜欢用枯燥无味的数字，比如公司争取在五年内创造出一个亿的业绩，等等。但是，当领导每天在为这个目标努力工作的时候，公司的员工是否也在朝着这个目标努力奋斗呢？他所定下的“五年创造一个亿”的目标是否能够让员工有一个深切的体会呢？

当销售经理说：“我们这个月的销售业绩非常好，大家加油干。”但是这个时候的员工只关心自己是否会得到相应的报酬，消费者所关心的只是产品的售后服务怎样。所以说，我们要让员工看到或者是能够想象出自己的业绩，要让目标具体化，这样员工才能很好地理解你的目标，并为之努力奋斗。就像海伦·凯勒的“假如给我三天光明”的故事，如果仅仅是从三天具体做什么这个角度去阐述，那么它也就只能算得上是一本流水账了，也就不会有那么多的人感同身受了。在加入了海伦的真实经历之后，才有了一个更加真实的故事，才让很多人有了深深地体会。

好故事之所以能够拉近彼此之间的距离，是因为它可以走进人们的内心，让人们的心灵获得慰藉，获得一种寄托。心与心的交流往往是拉近距离的最好方法。

第八章

所谓会营销，就是讲故事

销售，就是用你的故事打动陌生人

对于陌生的听众来说，你向他们讲故事就是在向他们传达你的观点，就是在向他们推销你自己。那么我们应该怎么做，才能成功地推销自己，让对方去接受我们的观点，并为我们的故事买单呢？

人与人之间的交流是建立在信任基础上的，产生信任的基本前提就是真诚，只有真诚地对待别人才能够获得别人的信任，这样交流起来就会十分顺畅，你的观点也就能够更好地被别人所接受，你也就能够成功地去打动别人。

日本著名企业家小池出身贫寒，在20岁的时候曾经在一家机器公司当销售。他对工作认真负责，在一段时间之内，他的销售工作十分顺利，在半个月内就和25位顾客做成了生意。

有一天，他突然发现自己所卖的机器比别家公司所生产的同性能的机器要贵一些。他心想："如果顾客知道了这件事情，一定以为是我在欺骗他们，这样就会对我的信誉产生影响。"于是小池决定去和顾客说清楚这件事情。

于是他就带着合约书和订单对每一位顾客进行了访问，向每一位顾客说明情况，向客户具体分析了情况，并且让客户进行重新慎重的考虑。

客户都被小池的这种举动所感动了，25个人没有一个人解除合同，还为他带来了良好的信誉，小池从此在销售界声名鹊起，凭借自己的真诚赢得了越来越多的客户。

在真诚的基础上我们还要学会平等。人们都喜欢受到尊重，如果你在讲故事的时候总是保持一种高高在上的姿态，就会很难得到人们的拥护，更谈不上感动了。

在这一方面，有很多失败的案例，而老师和医生就可以作为典型的案例。他们面对的大多数都是陌生人，虽然他们总是苦口婆心地说："我这是为了你好。"但这句话却成为人们讨厌的一句话，并不能很好地被人们所接受。在很多情况下，老师和医生都是很多人的公敌。造成这种后果的原因是什么呢？

在很多情况下，老师和医生在表述自己观点的时候，总是以一种不恰当的方式，总是给人一种凌驾于听者之上的态度，这样就会造成听者的反感，不但不会理解他们的苦心，还会产生一种厌烦的心态。

我们每个人都有自己独立的思想，无论你是无家可归的流浪者，还是社会上的精英人士，都需要受到别人的尊重，同时也要懂得尊重别人。如果你不能把别人和自己放在同一个位置之上，认为别人没有智慧、没有思想、不能独立思考，那么你所说的一切对于听者来说就是白费的，也就没有人会尊重你的思想，接受你的观点。因为在你的讲述过程中，他们接收到的唯一的信息，就是你对听者的不尊重。

我们为什么总是想要推销自己，想要别人接受自己的观点，这对于讲述者来说，是有着深层次的原因的。之所以要这样去做，是因为包含着个人目的，比如权力和财富这种对自己有利的事情。除此之外，还有一些利于他人的因素，比如涉及教育和医疗等。如果你的故事是为达到自己的目的而讲述，你就应该让听者明白这是对自己有利的事情，这样就能够更好地赢得听者的信任。坦白地交代比虚假地隐藏更能够获得听者的青睐。

戈尔就是这样的一个人。他有一个夸大其词的习惯，经常会为了达到某种目的，将自己在团队中的作用夸大，而且会通过肢体语言表现出来，把自己摆在高高在上的位置，总会让人有一种不被尊重的感觉。因此，要想更好地做到平等，就要实事求是，不能过分地夸大其词。

因为戈尔的夸大其词，导致了他在 1988 年的民主党总统候选人竞选中失败了。这让他的团队意识到了事情的严重性，提醒他要注意自己的言行，改掉夸大其词的习惯。可是习惯一旦养成，是很难改掉的。

戈尔经常会为自己“安插”一些莫须有的名称，就比如，他曾经说自己是互联网的发明者，在纽约的拉夫运河发现了有毒废物，自己是小说《爱情故事》主人公的原型。这样的话语引起了媒体和竞争对手的嘲笑，并且很快就形成了一种舆论导向。

其实，戈尔对待工作是十分负责的，只是在舆论的导向下，这一事实被掩盖了，在舆论的引导下，戈尔成了一个自大的家伙。

这样的形象一直伴随着他的职业生涯，因为他总是说一些让人贻笑大方的话，而且这些事情都是莫须有的，所以他就失去了听众对他的信任。他一再地对真诚进行挑衅，最终导致了严重的后果：在竞选期间，很多报纸都对他的说谎行为进行了报道，直接影响到了他在选民心目中的地位，从而失去了大批选民的支持。

这样的习惯一直延续到了 2000 年，戈尔才意识到说大话的严重性。于是，他就试着开始改变自己的这种习惯，努力去改变自己的形象，在选民的心中积极树立起一个坦白正直的形象。但是，因为之前的形象在选民的心中已经根深蒂固了，一时间是很难改变的。

在 2000 年的竞选中，在进行数据辩论的时候，虽然戈尔非常擅长数字的研究，但是他仍然在竞选中败给了布什，这和他之前的形象有着很大的关系。

戈尔虽然很擅长数字，但是对于非专业的人来讲，他们却很难理解这些数字背后所包含的意义，以及数据的真实性、准确性。因此，他们对这些也并不是十分关心。他们最关心的是讲述者的讲述技巧，讲述人的讲述方式在很大程度上影响了人们对于这些数字的信任度。

布什虽然不是很擅长数字，但是他却在讲述中总是提到戈尔性格中存在的问题，也就是之前说的夸大其词的习惯。因此，当面对戈尔质疑的时候，布什就会这样回答："朋友们需要注意了，对面这位仁兄的数据太多太惊人，而且，他很喜欢提数据，我就不得不想想之前他说过，他发明了互联网，说不定他还发明了计算器，这些数字真是让人头晕得很。"

戈尔虽然意识到了真诚的重要性，但是在布什的不断提醒下，听众总是会联想到戈尔之前的种种劣迹，就会在投票的时候更加倾向布什，于是戈尔就处于劣势的位置。

其实，在数据的辩论中，谁的数据更加准确，只是一个仁者见仁、智者见智的问题。但是，戈尔之前犯下了太多说大话的错误，他的数据就很容易引起人们的怀疑，尤其是当人们得知戈尔在竞选中所讲述的故事存在着夸大的成分，于是就更加倾向布什。戈尔也只能继续承受缺乏真诚所带来的严重后果。

因此，我们只有凭借真诚和平等才能更好地去打动陌生人，只有对方被感动，才能让自己的观点更好地被对方所接受，才能为自己赢得更多的拥护者。

大多数人使用故事营销

一个《红楼梦》的故事被翻拍了很多版，不知道多少人是用它来养家糊口的；一部《花千骨》不知道捧红了多少人，让他们大红大紫，身价倍涨。而在那些大火的电视剧中又有多少我们熟知的历史故事呢？人们通过故事不仅获得了精神上的满足，同时也获得了巨大的物质回报，因此越来越多的人开始使用故事营销。

人之所以和动物有所区别，就是因为人类会用语言来讲故事，并且能够让人信服。你永远无法让一只兔子去相信它死后能够到一个充满胡萝卜的天堂，进而让它放下手中的胡萝卜。所以说，只有人类能够讲故事、相信故事，虽然故事有时候是真实的，有时候是夸张的。

因为电影《五十度灰》的热映，促使大批的中年妇女进入了成人用品店，因为故事讲得好，激发了人们好奇的心理，赋予了人们一定的向往，那么也就会产生“蝴蝶效应”一般的效果。

的确，一个好故事对人的影响比一个具体的事件要大得多。因为在今天这样一个媒体时代，我们很难分辨出一个事件的真伪，即使那些带有图片和视频的事件，也未必就是真相，在P图当道的今天，修图可以说是一件易如反掌的事情。在这样的情况下，故事就变得尤为重要了。

它可以绕开人们的怀疑，可以将真实的信息传达给人们，获得人们的认同，同时也能够让人们获得感悟，激发人们的想象力，让人们想知道得更多。

但是，很多营销人士却始终把这些置之脑后，总是把“最好”“专注”这些词语挂在嘴边，把产品的数据、功能、价格以及特点直接传达给人们，让人们对产品失去兴趣、好奇和坚持。但是，糟糕的是这些营销者竟然不知道造成这种现象的原因，反而去怪罪消费者，这就是传统广告和营销模式所存在的弊端。人们总是会期待说“快给我讲个故事”，而不会说“快卖给我点东西”。

在今天这样一个媒体发达的时代，各种传播故事的渠道数不胜数，一条信息的传播可以是多方面并且十分廉价的，所以说我们就更应该将故事和营销结合在一起。但是，我们也应该注意的是故事营销并不是单纯的讲故事，它和“讲故事”还是有一定区别的。故事营销需要你将产品和一系列的事情相互联系起来，同时要通过故事告诉消费者，你是能够改变这个世界的，如果做不到，至少要让他们相信你是能够改变他们的世界的，从而赋予他们行动的动力。

那么我们应该如何做一个成功的故事营销者呢？这时候就需要掌握以下几个要素：

一、简单。因为每个人每天所要接收的信息量是十分巨大的，每天所听到的故事也是非常多的。人们也就很少再拿出足够多的精力去分析、去理解你的故事。过于复杂或者难以理解的东西会让他们失去耐心和兴趣。而且过于复杂的东西也会让你的受众群缩小，毕竟平民百姓还是占大多数的。

网络红人“校门舞男”就深谙这个道理。这位生于1984年的胖胖眼镜哥，在经历了多年的职场生涯之后，凭借一系列在校门口舞蹈的视频而红遍网络世界。他在辞去工作之后，利用自己仅有的一点积蓄，义务地为瓷娃娃公益活动进行宣传，并通过一系列欢乐的舞蹈让更多的人参与进来。而他的成功之道就在于他的简单。就比如他为途牛所创作的“心中有沙，哪里都是马代”系列，将故事用图片的形式表达出来，简单直接地呈现了旅游者的诉求，瞬间就引爆了互联网，获得了巨大的成功。

而那位凭借一封辞职信就红遍大江南北的老师也是同样的道理，在她的辞职信上仅仅是“世界那么大，我想去看看”。短短的几个字却说出了无数人的心声，从而获得了人们的认同，虽然很少有人能够有她那样的勇气，但那也是一种精神上的发泄，从而引起了巨大的共鸣。

二、真实。我们几乎无时无刻不接受着营销活动的轰炸，无论是在大街小巷，还是在手机电脑，到处都充斥着营销的味道。但是大部分的营销都只是为了能够让消费者去掏腰包，并没有包含更多的感情，甚至都没有包含更多的真实成分。对待故事营销，这是极其不负责任的一种态度，让消费者也不会去认真对待这样的故事，以致不仅不会获得经济效益，反而还会引起很大的负面效应。

在汶川大地震期间，在绵竹汉旺镇的街道上，一辆被塌墙、预制板以及车棚铁皮压得严重变形的东风雪铁龙凯旋轿车仍然顽强地行驶在道路上。

当这样的画面被记者捕捉到，并以图片的形式上传到网络上之后，瞬间就引起了广大网友和媒体的关注。对此，雪铁龙公司做出了这样的回应：“当年，我们团队借助这个事实，为雪铁龙完成了一次出色的营销，雪铁龙主动回购了这辆车，并将其捐给四川地震博物馆收藏。”而雪铁龙也凭借这样一个真实的故事，获得了“史上最牛车”的称号。所以说，故事营销当中的真实性也是十分必要的。

三、能见度。要进行故事营销，那么就要让大众有机会接触到你所要讲述的故事。虽然现在信息传播的渠道非常多，但要挖掘那些潜在客户，还是需要一个切实可行的办法将你的故事展现在他们的面前，千万不要指望那些客户来主动寻找你的故事。尤其是在新媒体爆炸的时代，更好地将故事展现在受众面前成为一件十分迫切的事情。

2003年，日本电通提出了“接触点理论”。这一理论和现在的“场景化思维”十分相似。它们都给予我们一个共同的启示，那就是在选择宣传渠道的时候，要尽可能地还原受众所处的环境，不要将目标受众和他们所处的时间点、地点分离开来，也只有这样才能够让故事的真实性更加突出。宣传的渠道是没有好坏之分的，只要适合受众就是一个好的渠道。

四、相关。好马还需配好鞍，讲故事也是一样的道理，什么样的人接受什么样的故事。所以说，要根据产品的特性以及它的受众人群来推出合适的故事，这样人们的反应就会更加强烈，更加有利于人们的接受。

由于故事营销所带来的巨大好处，越来越多的企业家开始向消费者售卖故事，于是在这样的情况下，消费者就会变得越来越理智，他们就会本能地去屏蔽他们不想倾听的故事。所以，要想引起消费者的倾听兴趣，就要让你的故事和他们相互联系起来，要足够的亲切，要足够的接地气，因为人们总是会对那些和自己相关的事情表现出极大的热情。

“三个爸爸”空气净化器就是这样一个典型案例。它对于品牌的诠释是：无论你是文艺青年、普通青年还是有趣青年，无论你是土豪、经济适用男还是草根，我们相信只要你是一位爸爸，一定和我们一样，想给孩子一个自由呼吸的家。从它的品牌诠释中我们可以看出，它不仅仅是一台空气净化器，它所要传达出的更是一种使命、一份责任。它呼吁所有的爸爸都行动起来，为了能够让孩子自由地呼吸而努力。产品从父亲的角度出发，就成功地和众多的家庭相互联系起来，引起了那些担心雾霾天气影响孩子健康家长的共鸣。这样的产品一经推出，就立刻受到了家长们的追捧。

只要你做到了以上这几点，故事营销其实就没有那么难了。因此，那些在创业路上辛苦奋斗的创业者，或者是正在从事营销工作的人，不妨试一试讲出自己那些引人入胜的故事吧。

用故事告诉顾客，你帮他做了什么

当你花费了大量的时间、精力以及钱财去做某一件事情的时候，就会引起很多讨论，人们会认为你这么做肯定是为了得到什么。其实，这是非常正常的一件事情。因为，每进行一次交易，在人们的心中总是会将各自所得进行对比，他们也不会介意你是因为某种利益来卖故事的。

虽然人们不介意你卖故事的目的，但是他们还是很介意自己是被利用的，他们会以一种很严格的态度来审视这次交易，一旦在交易中发现一丝被利用的成分，他们就会立刻终止交易，这样就会给卖故事的人造成很大的损失。

在经济学试验中，有一个关于模拟投资和公益事业的试验，这个试验揭示了公平互惠往往比实用主义更加重要。如果一项交易中带有利用的成分，人们就会对其敬而远之，往往在这种提议中总是会有人不劳而获，而这样的行为是让人深恶痛绝的。所以，我们在讲故事的时候一定要注意避免透露出这种信息，不要给自己造成不良的后果。因此，要想让更多的听众去响应你，就应该明确地告诉听众“你能够得到什么”。

你见过这样的公司吗？他们赚钱不是为了自己，而是为了帮助他人。这样的因美德而永恒的故事在美国并不少见，这些品牌与偶然投身公益事业来打造的美德品牌不同，他们从一开始，就是为了社会的公益事业。我们可以找到很多这样的品牌，比如，纽曼创办的食品公司Own、本与杰里创办的冰淇淋公司、格林·布莱特与彼得·图姆创办的Ethos Water等。这些公司把他们赚来的大部分甚至是全部利润拿来捐赠给需要帮助的人，但他们却获得了令人吃惊的发展速度。在以行善赚钱的事业中，他们为自己打造出一个新的美德故事主题：赚钱的目的是为了帮助他人！

我们来看一下矿泉水品牌Ethos Water的故事。

从一开始，Ethos Water就是一个因为帮助他人而产生的品牌。它的创始人彼得·图姆之所以产生这样的念头，是缘于一次到南非出差的经历。在南非，彼得目睹了当地人因为没有洁净的矿泉水而痛苦不堪的情景。回国后，这件事让彼得难以忘怀。根据联合国儿童基金会的统计数据，全球喝不到洁净水的人数达到11亿，这是一个不小的数字。彼得非常希望能够做些事情，帮助这个庞大的不幸群体。

彼得·图姆曾经在酿酒公司和汽水制造厂工作过。在这些工作中，他发现发达国家的消费者愿意花钱喝瓶装水，但他们并不了解非洲存在的饮水困难。如果号召这些消费者一起加入为非洲人民提供洁净饮用水的活动，那么大家就会理解并愿意提供帮助，非洲的用水问题也就会得到缓解。经过一段时间的思考之后，2002年的时候，彼得将这个关于Ethos Water公司的商业计划写在飞机的餐巾纸上。下了飞机，彼得就立刻给老同学格林·布莱特打电话，让他和自己一起来实现这个计划。

格林·布莱特是彼得的大学室友，毕业之后，他们就各奔东西。当格林·布莱特得知这个消息之后，对此表现出了极大的兴趣，他立刻就同意了彼得的这个邀请。Ethos Water是精神和道义之水，彼得和布莱特在对水进行推广的时候，瓶子上只印了简单的LOGO标志和他们的主打口号“Buy Water, Help Children”，即“帮助儿童获得洁净饮用水”。没有水的纯净度，也没有水源地和微量元素，这只是一个充满“善意”的水。他们将每瓶水中的一部分盈利，拿来捐给缺水的地区和洁净水项目。

就这样，一个有关美德的主题故事就产生了。

Ethos Water 因为这种独特的经营模式，名气越来越大，给消费者造成了很大的影响。在一年之后，它就获得了一笔可观的资金投入，这笔资金也为它的成功提供了巨大的动力。Ethos Water，这个在南加州的瑜伽工作室和健康食品商店销售的当地瓶装水品牌，迅速成为一个全国认可的名牌商品，这时的 Ethos Water 已经有了一次性为慈善供水项目提供 10 万美元资金的能力。

但彼得和布莱特并没有因此满足，因为他们知道这笔钱对于 11 亿人的庞大数字来说，只是杯水车薪，他们还需要不断扩大品牌影响力，争取到更多的资金。于是，彼得和布莱特开始和高端时尚零售 Fred Segal 进行产品合作，同时还和奥斯卡达成了合作伙伴关系。莱昂纳多、卡梅隆这些知名人士都曾经为他们的产品做过宣传。这些合作伙伴的热心配合，让 Ethos Water 声名大振，凡是购买了 Ethos Water 的人都会说：“喝这瓶水等于是在帮助别人喝到水。”

为了获得更大的影响力，Ethos Water 又把目光投到了客流量较大的星巴克。而星巴克也对这个独特的品牌充满了好感，非常爽快地就同意了 Ethos Water 进入他们的商店，并且还用 800 万美元收购了 Ethos Water 公司。从此，星巴克就和 Ethos Water 展开了亲密无间的合作。

随着影响力的不断扩大，以及更多资金的注入，Ethos Water 已经捐赠了超过 600 万美元的资金，帮助了 50 多万人喝上了水。在消费者的心目中，他们喝的不仅是一瓶水，而是一份爱心、一份帮助。

Ethos Water 的故事得到了很多人的响应，因为这是一个非常善意的故事，它告诉人们喝一瓶水能够获得什么，能够起到什么样的作用。而且他们也用自身的行动实现了自己的诺言，帮助更多的人喝到了水。

旧瓶装新酒，重新包装经典故事

当你去问一个人，你最喜欢的运动品牌是什么？答案肯定是耐克。耐克是当之无愧的运动品牌之王，每一个热爱运动的人都希望能穿上一件耐克的单品，穿上它总是会让人充满活力。但是你知道隐藏在它背后的故事吗？它的“对钩”标志又是代表着什么样的含义呢？它那句经典的“Just do it”又是从何而来的呢？

尼克本是古希腊文化中一位女神的名字。她是胜利的化身，是提坦帕拉斯和斯堤克斯的女儿。她是一位长着一双翅膀、身材健美的女性。她衣袂飘然，每到一个地方，胜利也就随之而来。除此之外，她还是宙斯和雅典娜的从神。在提坦战争中倒戈向奥林帕斯并助其成功。

尼克是没有翅膀的，但是她却有着惊人的速度，有着其他人所不具备的特殊力量。她除了是战争胜利的象征之外，还代表着希腊人日常生活中的诸多领域，尤其是在竞技和体育领域中的成功。因此，她也是好运的象征。

尼克是能够和雅典娜相提并论的。传说在公元前 490 年的马拉松战役当中，希腊在战胜波斯之后，尼克和雅典娜就被联系在一起。雅典娜的帕台农神庙当中供奉的雅典娜巨像据说也融入了尼克的形象，也刻画了尼克，并且在帕台农建筑群中也包含了一个献给雅典尼克的神庙。有的时候，雅典娜会被描绘成为携有尼克附属物的形象。在帕萨尼亚斯的记录当中，雅典尼克被表现为不带翅膀的形象，大概人们希冀如此可以阻止胜利女神离开这个城市。

耐克公司成立于1962年，由田径教练比尔·鲍尔曼和运动员菲尔·奈特创办。它的前身是一家代理日本虎牌运动鞋的蓝带体育用品公司。在不久之后，以希腊女神命名的耐克公司成立，并且在1972年的美国奥林匹克运动会选拔赛初次登台。在这之后，一位名叫卡洛琳·戴维森的学生根据胜利女神的翅膀设计出了简单明了的品牌标志。

而它那句风靡全球的广告语的灵感则是来自于一位名叫Gary Gilmore的死刑犯。这条诞生于1988年的广告语曾经给耐克带来了超乎想象的价值，让耐克从一个小的代理公司成为风靡全球的运动品牌，可以说这句广告语是功不可没的，从市场占有量来看，1988年耐克在美国的运动市场占有量仅有18%，而到了1998年就涨到了43%，可以说呈现了翻倍的增长。1977年，当Gary Gilmore行刑之前，行刑人员问他还有什么话要说的时候，他只是简单地抛出了“Let us do it”这句话。耐克公司从这句简单的话语中得到了灵感，稍微做了一下改动，使之成了一句更加果断勇敢的话Just do it.

NIKE这个名字，在西方人的眼中是一个非常吉利的词语，易读易记住。同时它也是胜利的象征，将自己的品牌和经典的故事联系在一起，迸发出了巨大的火花，让人们为之痴迷、为之疯狂。可以说是胜利女神赐予了耐克公司这战胜一切的旋风标志以及无数的名利和荣耀。

耐克的商标象征着希腊胜利女神翅膀的羽毛，它代表着速度，同时也代表着动感和轻柔。它的造型虽然十分简单，但是犹如闪电一样，给人以无限的速度和爆发力。第一双以“耐克”命名的运动鞋，在鞋身的两旁分别有一个刀形的弯钩，它象征着女神的翅膀。可以说，在耐克的身上到处都融入了希腊胜利女神的身影。

而那句广告语，虽然出自于杀人犯之口，但是也给人以无限的正能量：鼓励人们勇敢地去追求自己的梦想，不要去惧怕什么，虽然会遭遇很多坎坷，但是只要勇敢去做就好了。

可以说，与耐克有关的东西，都是和故事有着紧密的联系的。它通过经典的故事为自己赢得了金钱，获得了无数的荣誉。这就是经典故事所带来的好处。

除了耐克，达芙妮也是将经典故事运用到极致的一个案例。

在古希腊神话中，有一个关于阿波罗追求月桂女神达芙妮的经典爱情故事。而达芙妮的创作灵感就来自于这则故事。

当女人们穿上充满爱情故事的鞋子,仿佛就置身于浪漫的恋爱当中,感受到了爱情的浪漫、青春的气息，触动了自己最温柔的内心。在达芙妮的女鞋标志中，充满了编织、河流、桂冠、弓箭、竖琴等希腊元素，象征了对于爱情亘古不变的追求。可以说，穿上达芙妮鞋的每一天，都会有一个好心情。穿上它，就好比是把美好的爱情穿在脚上一样。也正是因此，达芙妮才会畅销多年，成为最成功的品牌鞋子之一。

传说，月桂女神非常漂亮，阿波罗则是一位俊美的男神，他力大无比，是宙斯的大儿子，同时他还是专门掌管太阳的“太阳神”，是一位光明之神，在他的身上找不到黑暗，同时他也是一位光明磊落的人，也被人们称为“真理之神”。他们之间的爱情，是郎才女貌的最佳诠释。

有一天，阿波罗接到父亲的指示去射杀一个妖怪。在回来的路上，阿波罗看到了一个小孩子在玩弄弓箭，就走到孩子的面前对他说：“你们小孩子是不可以玩弄弓箭的。”并且提到了杀死的妖怪，还说了很多轻蔑的话。这个小孩子听到阿波罗带有蔑视的话语，十分生气地说：“你信不信我会用我的箭射中你？”阿波罗当然是不相信的。这个孩子就向天空中射出了两支特别的箭，一支是能让人深深陷入爱河的金箭，一支是能让人十分厌恶爱情的铅箭。原来这个孩子就是掌管爱情的丘比特。

第一支箭射中了阿波罗，第二支箭则射中了漂亮的女神达芙妮。

被爱情之箭射中的阿波罗在看到达芙妮之后，就深深地被她所吸引，并发誓一定要追求到她，因此总是如影随形地追求着她。但是被拒绝之箭射中的达芙妮却总是讨厌地说：“走开，我讨厌爱情，你离我远一点。”说完，就像羚羊似的往山谷中逃脱。但是，阿波罗并没有放弃追求她。

阿波罗用竖琴弹奏出优美的乐曲，他的琴声能够吸引人们情不自禁地驻足聆听。达芙妮在听到优美的琴声之后，不知不觉地陶醉了，就顺着琴声向阿波罗走来。这个时候躲在石头后面的阿波罗突然跳出来，走向前去想要拥抱她。但是达芙妮看到阿波罗之后，又开始奔跑起来。阿波罗在后面苦苦追寻，一边跑一边大声喊道：“我又不是你的仇人，也不是凶猛的野兽，更不是无理取闹的莽汉，你为什么总是躲着我呢？”虽然阿波罗在后面不停地追喊，但是达芙妮就像没有听见一样，只顾拼命地往前跑。在她的心中只有一个念头：无论如何都要摆脱掉阿波罗的追逐。虽然达芙妮跑得很快，但是跑不过阿波罗。在经过一条河的时候，眼看着就要被阿波罗追上了。达芙妮只好向河神求救，却遭到了河神的拒绝。于是，达芙妮就又去请求树神的帮忙。树神对达芙妮说：“如果你变成了月桂树，就再也变不回来了，任何人都挽救不了你，你确定要这么做吗？”为了摆脱掉阿波罗的追逐，达芙妮只好答应。于是树神就把她变成了一棵深深扎在土壤里的月桂树。快要追上她的阿波罗在看到这一幕之后，十分后悔。于是他就抱着那棵月桂树说：“你虽然没有能够成为我的妻子，但是我会永远爱你的。我要用你的树枝做我的桂冠，用你的木材做我的竖琴，用你的花装饰我的弓箭，我要将你随时随地带在我的身边。我还会让你永远年轻，不会衰老。”他将自己编织的桂冠赐给了那些永恒的诗人以及流芳百世的士兵。而“桂冠”也成为许多杰出诗人想要不断追求的称号。

变成月桂树的达芙妮被阿波罗的真情深深地感动，点头表示感激。也许是由于受到了阿波罗的祝福，月桂树总是四季都是郁郁葱葱的样子，总是呈现出勃勃的生机，成为人们非常喜爱的植物。而阿波罗对于爱情亘古不变追求的故事也广为流传下来。

许多人都被达芙妮和阿波罗之间的爱情所感动，所以说借助这个经典故事的达芙妮品牌也就成功吸引了消费者，将自己的品牌和这个经典故事紧密地联系在一起，让人们穿上达芙妮的鞋子之后，自然而然地就会想到这个唯美的爱情故事，在心中就会产生一种溢于言表的感情。这种带着经典故事的品牌，产品就会多一些流传百世的机会。

耐克和达芙妮的成功告诉我们，将自己的品牌和经典故事联系在一起，让经典迸发出新的力量，在经典中让自己的故事变得独一无二，这样的产品才会常卖常新。

好的故事都是独一无二的

为什么沃尔玛能够成为全球最大的零售商？为什么麦当劳能够赚得盆满钵满？为什么 ZARA 能够在全球范围内受到热捧？答案就是品牌效应。

在《奥美的观点》中对于品牌是这样描写的：产品是工厂生产的东西，品牌是消费者所购买的东西；产品可以被竞争者模仿，但品牌是独一无二的；产品很容易迅速过时落伍，但成功的品牌却能持久不坠。品牌能够给企业带来不可估量的价值。凭借着品牌的力量，很多企业都成功了。可以说，品牌是当今企业在竞争当中不可或缺的重要武器。好的品牌就像是引领队伍前进的那面大旗，不断地指引着消费者去追随。每个成功的企业都会有这样一面旗帜。

的确，企业的成功和品牌之间有着密切的联系。但是要想成为品牌，在它的背后必须有一个独一无二的故事。在成功企业的背后总是会有一套强大的商业模式。品牌是它们的外在表现，在品牌的背后隐藏的则是别人无法复制的故事。正是因为这些感人的故事，所以让品牌能够更好地被人们所了解和认识，让品牌更加具有魅力。

范思哲是一个来自意大利的知名奢侈品品牌。它的创始人詹尼·范思哲出生在一个偏僻的小镇。在这个穷乡僻壤中长大的孩子却创造了一个时尚帝国，成为品牌家族中的代表，它的产品统领了生活中的每个领域。凭借着其鲜明的设计风格、独特的美感以及强烈的先锋艺术征服了全球时尚人士，在全球范围内引领了一股时尚风潮。除了服装风靡全球之外，它还涉足了香水、领带、眼镜、皮件、包袋、器皿等诸多领域。而在这些领域凭借其品牌效应都取得了巨大的成功。那我们就来看一下这个成功品牌背后所蕴藏的独一无二的故事。

1946 年 12 月 2 日，詹尼·范思哲出生在意大利一个名叫雷焦卡拉布里亚的小镇。他的母亲是一位十分聪明的女人，作为一个“土”裁缝，曾经开过一家名为“巴黎时装店”的店铺。他的母亲做衣服不需要任何纸样，只需要在布上做一些标记就可以做成一件成衣。范思哲的童年都是在做衣服当中度过的，在这样的环境下，培养出了范思哲对于缝制时装的浓厚兴趣，他对于服装设计的天分也渐渐显现出来。

但是，在这样一个穷乡僻壤要想干出点儿什么名堂来是非常不容易的一件事情。于是，梦想远大的范思哲在 25 岁那年离开了这里。离开家乡的范思哲来到米兰学习建筑设计。虽然学习的是建筑设计，但是他并没有放弃对服装设计的追求，始终坚持为服装厂设计各种服装。一次偶然的机会，他为佛罗伦萨的一家时装厂设计的系列针织服非常畅销，使该厂的销售增长了四倍之多。这家服装厂用一辆名车作为给他的奖励。正是由于这次获得的巨大成功，让他放弃了建筑设计的学习，专心投入服装设计的事业当中。

1978 年，范思哲推出了首个女装成衣系列，并以神话中的蛇妖美杜莎作为品牌标志，代表着致命的吸引力。从他的品牌标志我们就可以看出他的独一无二。

范思哲擅长用高贵豪华的面料，通过斜裁的方式，让生硬的几何线条巧妙地在柔和的身体曲线中过渡。他所设计的套装、裙子、大衣等都以线条为标志，将女性性感一面毫无保留地展现出来。也因此，他的服装受到了皇室贵族以及众多明星的青睐。

范思哲的品牌标志采用了象征性的手法，将神话中的蛇妖美杜莎作为其精神象征，汲取了古希腊、埃及、印度等的瑰丽文化打造而成。美杜莎代表的是致命的吸引力，它象征着范思哲不仅有着超脱歌剧式的华丽，更透露出了超强的先锋潮流艺术特征，它独特的美渗透到了每个人的心中。华丽的设计将对生活的热爱、未来的憧憬表现得淋漓尽致，将人性中最性感的东西展露无遗。

20 世纪 80 年代是摇滚乐盛行的时代，在青年人当中更是引起了广泛的追捧。热爱音乐的范思哲也加入了摇滚音乐的追求当中，同时他也抓住了这样的一个契机，推出了一系列的摇滚服装。也因此，范思哲迎来了事业上的又一个高峰。经过近 30 年的努力，如今的范思哲已经成为和乔治·阿玛尼这样的服装大师比肩的天才。

范思哲能够取得成功除了他独特的设计、独特的商业标志之外，还有一个很重要的原因，那就是品牌的力量。范思哲十分关注品牌的问题，因为他很早就意识到了品牌所具有的特殊力量。当范思哲在女装方面越来越成功的时候，他就有了保住品牌的意识，他认为品牌是获取利润的源泉。

在这样的意识引导之下，他推出了一些质地不是很好，成本低廉，但是凭借着品牌的力量能够快速获得利润的产品。例如，他在 1994 年推出的有范思哲标牌的床上用品和家庭器皿；在 1997 年开辟的化妆品生产线，专门生产和范思哲服饰相配套的产品。这些产业链的开发，让范思哲的资金得到有效的周转，为他推出高端品牌提供了坚实的后备力量。

为了能够保住自己的品牌，范思哲还大打名人牌。利用名人将自己的品牌影响力无限地扩大，为自己带来更大的经济效益。

范思哲十分青睐于演艺界的名人，因为他们的一举一动总是受到人们的关注，尤其是他们的着装，就更成为世人瞩目的焦点。如果他们身着范思哲的衣服去参加奥斯卡颁奖典礼，范思哲这个名字也就必然会随着他们走向全世界。而其中最典型的例子当属澳大利亚籍的好莱坞巨星妮可·基德曼。在奥斯卡颁奖典礼上，她身着范思哲为她设计的金色服装，再搭配同色的头发和小手包，将她的性感身材毫无保留地展现出来。而这一套服装很快就引起了人们的关注，受到了人们的热烈追捧，成了范思哲公司的畅销产品之一。

另一位为范思哲带来巨大影响的明星就是功夫巨星史泰龙。史泰龙虽然十分健壮，但是身高和过宽的双肩却成了他的“致命弱点”。但是范思哲却凭借自己出色的设计天分,很好地将他所存在的缺点隐藏起来。在1991年2月和10月设计的两套服装当中，其中一套深蓝色的西装搭配上牙白色的衬衣，瞬间就让史泰龙苗条了很多。这套服装也成了美国演艺界和时尚界追捧的对象，直到今天，它的热度仍是不减当年。

范思哲在和名人的交际中也展现出了异于常人的一面。他不嫌弃那些一时落魄的人，比如曾经咬掉对方耳朵的“拳王”泰森。在泰森由于此事入狱之后，很多人为了避嫌，都刻意地和他保持距离。但是范思哲却并没有这样做。在监狱中的泰森十分想念范思哲为其设计的短裤，范思哲在听到这个消息之后，亲自挑选了一批衣服为他送去。这一举动让泰森十分感动。在出狱之后，他又重新登上了拳击舞台，并且每次都穿着范思哲为他设计的短裤，使其成为青少年十分热爱的单品，销售量不断地攀升。

范思哲之所以能够取得巨大的成功，和他出色的设计天才是分不开的。但是，其中起到重要作用的就是它的独一无二，独一无二的品牌标志、独特的设计理念以及独特的交际方式，都为他的成功奠定了坚实的基础。

在范思哲的故事中总是透露着很多的独一无二，他也正是因此获得了众人的认可。

让 100 万元的投入有 1000 万元的效益

广告天才乔治·路易斯曾经说过："我的工作是使你的 100 万元广告费看起来像 1000 万元，让企业的品牌故事具备故事传播的能力。"好的故事是能够引起重大传播效应的。

在生活当中，当一件事情成为热点的时候，就会变成人们口中津津乐道的话题，被人们所注意。其实，在当今社会中，一件看似微不足道的事情，经过多种渠道的传播，经过不断的发酵，也会产生"蝴蝶效应"的，故事也会因此不断地扩大传播范围，影响到更多的人。在产品的营销过程中，广告虽然起到了很好的传播作用，但是由于它的传播途径的局限，是很难形成连锁反应的。而故事却有着容易传播，而且易于传播的特点。因此，将企业赋予一个美好的故事，并利用人们的好奇心，通过各种渠道让故事快速地传播开来，可以让企业获得巨大的经济回报。

一般情况下，消费者从接触到产品信息到最终决定购买，都会经历以下心理过程：首先，产品要足够引起消费者的注意，而要达到这一目的，就需要商家通过各种渠道对产品进行宣传，让消费者在各种传播渠道上看到产品的信息，并且要不断地宣传，引起消费者的注意，加深他们对产品的印象，同时激发他们对产品的兴趣，进而产生购买的欲望。

在不断反复的过程当中，就会让消费者对产品产生更加深刻的认知，最终让消费者产生购买的行为。

从消费者的购买心理过程中可以看出，企业拥有了好的故事之后，就会极大地刺激消费者的购买行为，企业的财富也会随之源源不断地增加。那么如何才能让企业有一个好故事，让100万元起到1000万元的作用呢？这就要看企业讲故事的能力了。

在这样一个吃饭都要进行分享的年代，想要让自己的消息得到传播可以说是非常简单的一件事情。通常情况下，好的东西能够吸引人们主动去分享和传播，好的故事也同样如此。所以说，企业故事的好坏从人们是否乐于分享当中就能够看出。

Chaco是美国知名的户外鞋品牌，主要以溯溪鞋为主，是与Teva、Keen著名溯溪鞋品牌齐名的，也是在激烈的市场竞争中脱颖而出并且茁壮成长的一个品牌。其实，Chaco的鞋子并没有什么特别的地方，人们第一眼看到这个产品的时候并不会觉得这是一个特别有趣或是令人兴奋的产品，但是它却凭借着在社交软件上分享的一系列故事，让自己脱颖而出。

Chaco为了能让自己的品牌引起注意，就聚集了一群喜欢冒险的人，让他们穿着自己的鞋子去进行冒险活动，并把他们在旅途中的点点滴滴记录下来，将他们的故事分享在社交平台上，和众多粉丝分享了顾客之间的故事，让消费者能够切身体会到穿着这样的鞋子去冒险的感受，鼓励那些不敢去冒险的人。可以说，Chaco成功地抓住了现在年轻人的心理，同时利用时下流行的方式，让更多的人看到自己的产品，让自己的故事形成了一个传播的链条，让产品得到畅销，获得了巨大的经济回报。通过分享顾客的故事，让顾客不由自主地为自己的产品进行宣传，从而让自己获得了巨大的经济回报。既在客户那里赚到了钱，又利用他们的故事为自己形成了一个传播的链条，消费者亲自去宣传厂家的产品，可以说这样的广告才是最有说服力的。

除了这些后起之秀成功地运用了故事营销，在一些老牌企业中同样不乏这样讲故事的高手，他们用故事为自己赢得了巨大的经济效益。

说起最会讲故事的品牌典范，我们不得不提的是法国的依云品牌。

一瓶水，就可以创造超过200年的品牌奇迹，传说中的阿尔卑斯山的依云小镇只有7000多人，这个在中国版图中只有“巴掌大”的小镇，每年都要供应上亿瓶高端人士饮水，这些水够他们喝吗？而且是供应了近200年，也许水资源早就“枯竭”了吧。但是直到今天，依云的神话仍然在全世界各地延续，它的销售量增长也呈现平稳的趋势，在中国的销售量也是持续上涨的，在前几年每年都会保持40%~50%的高速增长。可以说，依云创造了一个水的帝国。

虽然在我国的质检当中，依云水的合格率非常低，但是依然能够吸引消费者争相购买，而其中占主要部分的是那些高端人士。造成这种现象的原因是什么呢？品牌营销专家表示：依云已经不再是普通的标高价的水，而是已经成为一种高端与尊贵的“独特符号”，高端品牌卖的是一种感觉和消费文化，或者是给消费者带来一种品质化、符号化的生活方式和梦想。

因此，对于消费者来说，就算他们喝到的不是真正来自于阿尔卑斯小镇的水，但是他们买到的却是一种传奇，喝下的是这背后的传奇故事和尊贵的梦想。依云水成为高贵的象征，虽然只是简简单单的一瓶水，却凭借着其传奇的故事，让水的身价倍增，并通过故事的延续，为自己赢得了一座“金山”。

在同质化竞争越来越激烈的今天，很多产品都出现了竞争的局面，作为瓶装水也面临着同样的问题。为了能够在竞争中站稳脚跟，很多商家都采用了降价的方式，有的瓶装水的价格甚至低到了一元。但是，在激烈的竞争中，依云水却始终保持着高昂的姿态，仍然是每瓶几十元的高价格。那么依云水能够保持这种姿态的资本是什么呢?

依云水来自于美丽的依云小镇。这个小镇背靠阿尔卑斯山，面对莱芒湖。所产的依云水是高山融雪和山地雨水在山脉腹地经过长达15年的过滤和冰川矿层的矿化而形成的。依云水富含天然、均衡、纯净的矿物质成分，包括人体所需的钙、镁和碳酸氢盐等，依云水是最健康、最纯净的饮用水。除此之外，它也是独一无二的天然饮用水，是大自然孕育出的珍贵成果，是人们永葆青春的源泉。可以说，这样的水有如此高的价格也是不为过的。

但是，仅凭这些就能够让消费者心甘情愿地为之买单吗?这样简单的说辞显然是不具备强大的说服力的，还必须在它的背后加入更加传奇的故事，才能够更符合它乃是最贵矿泉水的称号。于是在它的背后就出现了这样一个故事:

> 在大革命期间，雷瑟侯爵患有肾结石，长期经受着病痛的折磨，他非常痛苦，多方医治也没有任何效果。有一天，他在依云散步的时候，偶然得到了来自于某绅士花园的泉水。在饮用了一段时间之后，他的病竟然奇迹般地痊愈了。这个传闻迅速传播开来，人们都纷纷涌入依云小镇，亲身体验这神奇的泉水，有的医生甚至把它列入了药方。这一传闻甚至影响到了皇室，依云水受到了拿破仑三世和皇后的青睐，在1864年的时候正式赐名这个小镇为依云镇。而依云水的理疗功效也在1878年的时候得到了法国医药研究会的认可。
>
> 除了医疗作用外，它还可以起到一定的美容作用。将依云水喷在脸上，可以大大增加肌肤的含水量，使肌肤柔嫩光滑，富有弹性。

这样极具传奇色彩的故事，讲了近百年的时间，人们似乎对其百听不厌。但是，依云并没有因此止步，而是随着时代的变化，故事也在不断地变化，不断升级迭代，创造出“Live Young（活出童真）”这样的故事，演绎了一个经久不衰的故事。

通过对故事的不断演绎，我们可以在各种高端场合见到依云水的身影：与各类设计大师推出的奢侈限量款瓶身惊艳了无数人的眼光，在高尔夫、网球等贵族运动中屡见不鲜，名人名媛们情有独钟的饮品……

随着故事的不断传播，依云成了瓶装水当中的贵族。虽然一瓶水需要十几元、几十元甚至是上百元的价格，但是它在人们的心中却是值这个价钱的。也正是由于消费者的认可，依云的传奇才得以延续到今天。

要想产品卖得好，故事必须讲得好

品牌赋予了冰冷的产品很多的内涵，让产品和消费者之间建立了感情。这一切功劳都要归功于故事，是故事让品牌变得更加生动和富有黏性。相较于那些冗长的数据、生硬的报告、灌输式的宣传，人们更加喜欢一个真实生动的故事。当品牌和真实动人的故事结合在一起的时候，品牌就会走进消费者的内心世界，从而不自觉地对品牌进行宣传，让品牌的价值能够得到进一步的体现。好的故事能够让品牌更加具有吸引力，从而让自己的产品得到畅销。

"Anais 是法国一个常见的女名，有魅力、优雅的含义，使得这个名字格外具有吸引力。"看到这句话，你也许认为它就是一句简单的介绍名字的句子。那你能想得到它是对一个裙子的描述吗？

"茉莉和扶苏"是淘宝的一个原创品牌，上面提到的那句话就是对它旗下一款名为"爱耐丝"的裙子的描述，它突显出了设计师的灵感来源。这个只卖裙子的牌子创造了年销售额过千万的奇迹，它凭借的是什么呢？

打开这个品牌的主页之后，我们看到除了每个宝贝的详细介绍之外，最吸引人的地方就是它的每条裙子都有属于自己的名字和故事。而这个品牌则是由一对 80 后的姐妹花在 2011 年所创办的，而店铺的名字也是以两个人的名字命名的。

在创办茉莉和扶苏之前，和普通的上班族一样，童桦在一家广告公司上班，过着朝九晚五的平淡生活。在平凡的生活中却有着不平凡的兴趣，她渐渐地迷上了摄影，她将拍摄好的照片放到豆瓣网上，在豆瓣的摄影讨论小组里也表现得十分活跃，也因此为她赢得了近 4000 个原始用户。

童谣是一位平面模特儿，她也是姐姐镜头下出镜最多的模特儿，姐妹俩所拍摄的照片透露出浓浓的森女气息。而这种风格也受到了很多人的关注，有的人关注她们拍摄的照片，有的人则关注她们的穿着，越来越多的人开始询问起关于衣服的情况。

由于询问的人越来越多，童桦就开始去市场上拿货，还开了一家淘宝店，在拍照的同时，又卖起了服装。既要卖服装，又要为服装拍摄平面广告，随着工作量的增加，两人也是忙得不可开交。随着关注人数的增加，姐妹俩开始潜心研究起摄影。

为了配合姐姐森女风的摄影风格，童谣以森女系的代表人物苍井优作为范本，研究了苍井优的妆容、穿着、拍照姿势等方面。经过长时间的研究，童谣所拍摄出的照片更好地诠释了森女系的风格。

由于当时“贴吧文化”盛行，她们的照片也在贴吧中引起了一股热潮。童谣以“从蒲妹变身森女”为主题，将自己研究森女的过程在贴吧中进行分享，经过长达一年时间的跟帖，获得了近 300 万的点击量，童谣的个人微博粉丝量也增加了近万人，而她们的店铺也获得了更多人的关注。

在积累了人气之后，她们就把所有的精力用在产品设计上。在广告公司工作的童桦深知品牌的重要性，即使是一间淘宝店铺，能够有一个个性鲜明的品牌也是十分重要的。由于森女风格的影响，茉莉和扶苏的产品定位也是围绕着森系展开的，并逐渐在其中融入自己的风格，形成了中国风的森系元素。

2013 年，第一款原创设计成功上线，最终确定了茉莉和扶苏的产品定位，同时也标志着其从拿货走向了自制，开始进行原创设计。

第一款原创设计的名字为“青丝和蝉翼”，以改良旗袍的款式为基础，以薄荷绿和藕粉色为蝉翼，再加上半透明丝质的丝绵面料，整款衣服显得飘逸十足，充满了浓厚的少女气息，但更多的是端庄和典雅。虽然衣服的销量不尽如人意，但是让茉莉和扶苏的品牌形象逐渐加深。在这之后，童桦通过和微博粉丝的互动和测款，逐渐形成了三大产品系列：以改良传统旗袍为主的“国风森女系”，以棉麻、宽松的古装设计为主的“复古森系”，以故事先行的“主题系列”，产品一律为裙子。而最受欢迎的就是“主题系列”的产品。

“主题系列”的设计灵感来自于生活的各个方面，它们可以是电影中的人物，也可以是旅行的目的地，抑或是电影中的某个情节等等。人们可以从衣服当中找到自己熟悉的影子，穿在身上的不仅是一件简单的衣服，更是一个感人的故事。在快时代中，人们对于情怀的追求也是越来越强烈，这样的衣服能够受到欢迎也在情理之中。

当很多淘宝商家都在不断推出新产品，不断靠新产品来增加自己销售量的时候，茉莉和扶苏却凭借国“风森女系”中的“松竹梅”三款产品创造了 200 万元销售额的奇迹。童桦认为，即使是节奏快到令人惊讶的电商，拥有好的产品、设计，也仍然能够让你在合理的范围内“慢下来”。对比追求量的更新速度，好的设计能够让品牌更有生命力。

除了对产品设计的严谨之外，姐妹俩在其他细节上做得也是十分到位。比如，每一位购买产品的女孩都会收到印有“一起穿裙子到 80 岁”字样的卡片。除此之外，她们还会用拍摄、文案、讲故事的方式来增加产品的立体感，从而帮助消费者更好地理解产品。

其实，这样的方式是从拿货的时期起就延续下来的。在拿货的时候，姐妹俩会给每一件衣服都命名，童桦为其拍摄精美的图片，童谣为其配上生动的文字，让每一件简单的衣服都充满了生命力。虽然这是一项费时费力的工作，但是姐妹俩却是乐此不疲。

由于大量的拍摄、文案工作以及对于设计的严谨态度，茉莉和扶苏的上新节奏以款量的大小分为大上新和小上新。通常情况下，大上新的周期为两到三个月，数量控制在 20 款左右；小上新的周期为一个月，数量控制在 5 款之内。

大上新的衣服在配以文案的同时还会配合旅行拍摄，根据不同的目的地进行分系。而小上新则主要通过文案工作来进行分系，并且在每件衣服的背后都会配以相应的产品故事。

如今，茉莉和扶苏的团队逐渐成熟起来，由于突出的个人风格以及鲜明的产品形象，越来越多的人找到童桦，想要和其合作，也因此，茉莉和扶苏的销量也呈现出持续上升的趋势，森女风也受到了很多人的欢迎。

第九章

从细节入手，讲出不一样的故事

你的故事要从身边的细节入手

通常情况下，要想被别人记住，就要让自己成为一个有故事的人，有故事的人才能获得更多的成功，才能成为人生的赢家。因此，我们要打造一个专属于自己的故事。

每个优秀的企业家都是讲故事的高手。故事讲得好，就会让每个人都高兴，无论是客户还是员工。企业家讲好故事，就能让自己的品牌声名远扬。

搜狐公司的CEO张朝阳就是一个讲故事的高手。他曾经说过："只有不断地卖故事，媒体才不会忘记我，人们才会记住我，我的品牌魅力才能够更加持久。"于是，张朝阳就凭借故事走出了一条属于自己的大道。在这期间，搜狐公司也经历了很多的困难。

搜狐公司在刚刚成立的时候，就遇到了很大的困难。在成立不到两年的时候，搜狐就陷入了资金的旋涡当中，当时的搜狐急需资金注入，而能够提供的资金却是远远不够的。当时的新浪网站已经拥有了8000万美元的资金，就连新崛起的www.Chinaren.com门户网站也是势头正猛。

面对新势力的崛起，张朝阳变得不知所措。但是，他还是鼓起了勇气来拯救搜狐。为了能够让搜狐占有一席之地，他决定开始树立自己的品牌。而树立品牌最好的办法就是运用故事的力量进行营销，而最好的故事就是来自于自己的故事。

于是，张朝阳进行了一连串的动作，让搜狐出现在更多的地方。2001年，他耗资百万成立了“sohu时尚之旅”，并亲自担任该项目的品牌形象代言人，这个项目也收到了空前的效果。而之后进行的一系列品牌策划也让张朝阳的个人品牌优势逐渐显露出来，这为搜狐赢得了众多的合作伙伴，其中也包括之前不愿意和搜狐进行合作的企业。张朝阳迅速成为炙手可热的人物，登上了国内外著名的报刊。

1998年10月，张朝阳在美国《时代周刊》的“年度风云人物评选活动”中成了“50位全球数字英雄”之一。而美国的《读者文摘》《商业周刊》《财富杂志》等全球知名的报刊也对搜狐网站进行了全面的报道。

1999年7月，张朝阳成了《亚洲周刊》的封面人物。同年9月，他作为中国最年轻的代表，出席了由美国时代华纳集团主持的全球经济峰会99《财富》全球论坛年会，并发表了题为《互联网对中国未来经济的影响》的演讲。

2000年，张朝阳又以唯一的中国企业家代表的身份，参加了由各国政府官员和企业领袖组成的“2000全球互联网峰会”，并在会议上做了《互联网对中国的影响》的重要发言。也是在这一年，搜狐网站在美国纳斯达克成功上市。

搜狐也因为张朝阳成了国际知名的品牌。搜狐和ChinaRen进行合并，成了中国最大的门户网站。

张朝阳把自己的品牌魅力和公司的各项活动结合起来，为听众讲述了一个又一个精彩的故事，搜狐的成功凭借的就是张朝阳的个人故事。

2003 年，为了推广彩信业务，张朝阳举办了一个名为“彩信上珠峰”的登山活动。张朝阳将自己的个人爱好和公司的企业文化结合在一起，又讲述了一个吸引人眼球的故事。

2005 年，为了宣传搜狗搜索，增加搜狗的用户量，将搜狐网的老用户带到新业务当中，张朝阳又举办了一场登山活动。他和王石作为代表，组成了包括世界小姐、影视巨星以及企业精英组成的“2005 搜狗美女野兽登山队”攀登启孜峰，这次活动也取得了空前的成功。由此我们可以看出，张朝阳是一个讲故事的高手，他用自己的爱好为公司讲述了很多成功的故事，抓住了观众的需求，制造了热点，吸引了人们的眼球，从而获得了巨大的成功。

将自己的故事讲好，凭借自己的故事获得巨大的成功。

赵鸣是农业大学的一名毕业生，毕业之后成为郑州一家生物制品公司的白领。2004 年，当他和一帮驴友在赴新疆旅游的过程中，在于田的一个小县城里邂逅了一位名叫沙丽的新疆姑娘。经过几天的短暂相处，赵鸣迅速和这位新疆姑娘擦出了爱情的火花。但是，在旅途结束之后，赵鸣回到了原来工作的地方，两人只能通过电话相互联系。这让赵鸣十分痛苦。

就在这时，赵鸣偶然得知了新疆出产的玫瑰花提炼出来的玫瑰精油是一种非常珍贵的东西，在市场上非常稀缺。这让赵鸣看到了希望，为了能和沙丽在一起，他决定拼一下。于是，在众人的反对之下，他来到了沙丽的家乡。在这里，他开启了自己的玫瑰事业。虽然在这期间遇到了很多困难，但是他从来都没有放弃过。

经历了种种困难之后，他的玫瑰事业终于有了起色。八百多亩的玫瑰花在赵鸣和三十多名工人的精心照料下，茁壮成长，散发出芬芳的气息，散发着爱情的味道。他所种植的玫瑰花远销各地，为他带来了不少的收益。但赵鸣并没有就此满足，他还有着更大的野心提炼玫瑰精油。在经历了多次失败之后，赵鸣终于成功了，他提炼出了浓度为80%的玫瑰精油，看着黄灿灿的精油，赵鸣激动不已。精心提炼的精油也为他赢得了更多的客户，创造了更多的财富，产品甚至还远销世界各地，而他所在的于田县也成为远近闻名的“玫瑰之乡”。

赵鸣取得了巨大的成功，在成功的背后是他和沙丽之间感人的爱情故事。为了爱情，他放弃了优越的工作，只身前往他乡进行创业。这样的爱情故事触碰到了人的心灵最柔软的地方，人们被他的爱情所感动。人们被那一滴滴饱含爱情的精油所吸引，除了爱，还有成功的喜悦。赵鸣的故事成为无数创业人士前进的动力。用自己的爱情赢得了事业的成功，这是一个非常励志的故事。

我们不一定非要讲述别人的故事不可，从自己身边的事情入手，讲述专属于自己的故事，这样的故事同样是伟大的，也是感人的。

把故事讲成一个“剧”

在讲故事的时候，身体是故事的舞台，语言是故事的台词。要想将一个故事演绎到极致，其中的任何一个环节都是缺一不可的。即使是一句话的故事，也是需要通过语言、表情和动作来全方位表现的。一项研究成果表明，言辞只能传递真实信息的8%，语音、语调能够传递35%，而身体语言却能传递57%。

很多人在讲故事的时候，经常会忽略自己的身体动作，很少有人能够意识到肢体语言所起到的作用。缺少肢体语言的故事，经常会让听众产生一种不真实的感觉，让人不能很好地领悟到讲述者想要表达的真实思想和目的。在美剧《别对我说谎》（Lie to me）中，心理学家卡尔·莱曼博士曾经举过一个例子：一位母亲报警称自己的孩子丢失了，她沉痛的叙述让不少人觉得她是个可怜的母亲；可卡尔将声音去掉之后再看这位母亲叙述的画面，看完之后，他做出了这样的评价：“你能看到她的悲伤吗？如果没有那些声音，此刻的她更像是在念账单。”

这个例子告诉我们：讲故事的时候要注意台词和舞台之间的和谐度，要注意自己的肢体动作，从而让故事更加生动，不要一味地依赖语言。面部表情是肢体语言中非常重要的组成部分，通过对面部表情的描绘，艺术家们可以将人物内心的情感逼真地展现出来，将人物刻画得栩栩如生。这样的技巧同样也可以应用到讲故事当中。

一般情况下，人类的面部表情可以分为八类：感兴趣兴奋；高兴喜欢；惊奇惊讶；伤心痛苦；害怕恐惧；害羞羞辱；轻蔑厌恶；生气愤怒。将这些很好地运用到故事中，在讲故事的时候，将故事所对应的情绪展现在脸上，让听众从你的面部表情中得到相应的感受，这会让你收到意想不到的效果。

在人的五官当中，眼睛通常被人们称为“心灵的窗户”，它能够将人的精神状态和心理活动，通过最完整、最直接、最丰富的方式表现出来。它具有自由沟通心灵、代替词汇匮乏的表达、促成无声对话的神奇功效。人类情感的表达首先是通过眼睛表现出来的，通过眼睛就能看出一个人的喜怒哀乐。

我们看到那些讲故事的高手，他们都是以眼传神的典范。欢乐时的明亮双眼，失望时的无神双眼，生气时的怒目而视……要想成为这样的讲故事的高手，首先要在自己的脑海中想象出和故事相对应的场景，从而去调动自己的面部表情，使其能够和故事交相辉映。

在讲故事的时候，面部表情就像一把双刃剑，如果你不能很好地运用它，就会得到反面的效果。当你生气的时候，你的脸上就会不自觉地带有生气的表情；当你不喜欢某个人的时候，就算你在脸上努力呈现出微笑，也不是发自内心的。如果你将这种跌宕起伏的负面情绪带入到故事当中,那么无论你的故事有多精彩,都会被这种负面情绪所影响。所以，我们在讲故事的时候一定要很好地运用面部表情，控制好自己的情绪。

戈尔在最初竞选总统的时候，因为没有一个很好的五官表现，最终导致了他的失败。熟悉他的人都知道他有着很高的讲故事的水平，例如他在开玩笑时的机智尖刻而又不乏敏捷，在不露声色中给予对方反击。但是，在竞选总统的时候，他的五官表现却非常拙劣，给选民留下了混乱的印象。

当然，戈尔的团队也知道形象的重要性，针对他的形象问题展开了多次讨论。但是直到最后，双方也未能就此问题达成一致，最终导致了不同形象混战一气的结果。在没有搞清楚自己应该以什么样的形象示人的情况下，戈尔选择了隐藏自己的表情，隐藏自己最重要的东西。但悲催的是，他的努力并没有得到选民的喜欢，原因就是他的肢体语言以及面部表情成了他故事的干扰因素，最终影响了他在选民心目中的形象。

我们在讲故事的时候，其实面临的是和戈尔一样的场景。你所面对的人是不了解你的人，但你要告知他们“我是谁”，这种告知，在很大程度上取决于你的肢体动作及面部表情。你的一举一动，都会成为人们评判你的标准，你的面部表情和肢体语言直接影响着你在人们心中的第一印象。而往往第一印象是非常重要的，它会影响你接下来讲述的关于“我是谁”的故事。

同样，在选民的脑海中，同样也会出现“戈尔是谁”“他是个怎样的人”这样的疑问。要解决这些问题，仅凭戈尔讲述的内容显然意义是有限的，虽然他要讲述的故事也是有利于他树立正面形象的，但选民也会根据他的面部表情、语音语调、身体姿态等各种因素进行综合判断，从而得出结论。但令人失望的是，戈尔由于缺乏良好的肢体动作以及面部表情，给听众留下了一个非常不好的印象。

在很多人的心中，成熟的政治家应该是稳重、典雅的代表，但戈尔却树立了与之大相径庭的形象。

在整个演讲过程中，他的语速非常急促，给人一种傲慢的感觉；除此之外，也显现出了十足的火药味，让人们感受到强烈的好斗成分；而其中的数度转变话题则让人们产生了一种急于辩解的错觉，这一系列的形象使人们失去了对他的信任。而在整个过程中，他的表情语言和肢体语言配合得极为差劲，摇头、皱眉等表情在合适的场合中能够达到很好的效果，但是在回答别人问题的时候大声叹气，就会让人觉得他目中无人，十分不尊重人。谁会喜欢一个目无一切的人呢？

即使戈尔有着丰富的知识，并且能说会道，但这些在他失败的表情下都黯然失色，也让他失去了证明一切的机会。虽然戈尔在口头上说的是那些正义的故事，但是他的表情却给听众带来了负面的情绪，使听众断定他是一个冷漠无情、恃强凌弱的人。有时候，单纯的语言并不能表达出什么，人们在听你讲述的时候，也在注意着你的各种表情，通过感官上的联系来断定你到底是一个怎样的人。

看得见、摸得着的好故事

我们经常说“讲故事”，总是在故事之前加上“讲”这个动词，这就给人造成了一种误解，认为故事的讲述主要是以语言为主，其实并不然。

我们在看哑剧的时候，虽然演员们一言不发，但我们却总是会被他们滑稽的动作逗得哈哈大笑。同样，在讲故事的时候，身体语言能够传达出更加真实的信息，肢体语言相较于那些浮夸或者是模糊的语言，能够将你所要表达的东西更好地让观众们领会到。通过肢体语言给予观众真实的体验，这种体验会随着你的肢体语言更加清晰明朗。

如果要找出一个一言不发就能讲出一个精彩故事的人，这个人非卓别林莫属。卓别林是全世界家喻户晓的幽默大师，堪称20世纪最伟大的表演艺术家之一。他所塑造的流浪汉角色成了银幕上的一个经典形象，每一个看过的人都会有深刻的印象，并且终生难忘。

幽默显然是卓别林的拿手好戏，是他每一部电影中必备的元素，而他的这种幽默大部分是通过肢体语言表现出来的。虽然在卓别林生活的年代已经出现了有声电影，但是卓别林的大部分电影都是无声的。而且，在相当长的一段时间内，卓别林都是拒绝有声电影的，这和卓别林的表演形式有着密切关系。因为，卓别林最擅长的是形体表演，或者说是肢体语言。他是一个用行为、用肢体语言讲故事的人。

在卓别林的故事世界当中，语言成了他的缺陷。我们可以理解卓别林的各种举动，但是如果加上语言，就会显得画蛇添足。这是因为，卓别林在讲述故事的时候，会按照既定的逻辑引导自己的行为，而语言却是受到许多或外在，或内在，或过去，或现在的复杂因素的刺激而酝酿产生的。因此，即使卓别林没有说过一句话，人们也都能看得懂他的表演。

行为艺术是要求逻辑连贯的，而语言则不需要。一个人如果做出了不符合逻辑的动作，人们肯定会认为他是个疯子；而如果一个人说出了不符合逻辑的话，人们也许就会一笑了之。因此，在故事的世界当中，有符合逻辑的语言必然是重要的，但是在肢体语言面前，就会渺小得多，因为肢体语言能够给人们带来更加真实的体验。

肢体语言以及表情虽然能给人们更加真实的体验，但是由于其表现形式的局限性和复杂性，却很难使人们理解到更深层次的寓意以及更复杂的逻辑。因此，在故事的讲述过程中，很多人还是需要语言以及肢体的配合才能达到目的。不过，卓别林却在很大程度上突破了这种局限，对于肢体语言的运用达到了炉火纯青的地步。

在卓别林早期的作品当中，由于他不懂得控制自己，他的作品并没有得到观众的认可。他总是在试图讲述一个关于“他是谁”的故事。后来由于他成功地运用肢体语言，使自己和故事中的人物达到了高度的统一，从而获得了人们的认可。

卓别林通过肢体语言及细节上的刻画，演绎出了细腻的故事，给人以真实的体验，从而引发人们的大笑。他的故事情节又展现出超高的社会逻辑，使故事的立意得到升华。实际上，最佳的戏剧就是对悲剧的反讽，卓别林就深谙这个道理。因此，虽然他的戏剧都是以悲剧结尾，但总是能起到画龙点睛的作用。人们在笑过之后，能够从中得到一些反思。

要想讲述一个好的故事，就应该像卓别林一样，在加深故事寓意的同时，调动起全身的肢体语言为其做支撑。有些观点则认为，如果没有类似的经历，在讲故事的时候就会很难把握肢体的配合程度。的确，个人经历对于肢体语言的表现有一定的影响，卓别林的成功或许与他的个人经历有着一定的关系。但是，对于那些不具备生活经历的人，可以学习卓别林善于观察、勤于创造的精神，或者是对其进行模仿。

在现代社会，能够用肢体语言讲故事的人，首屈一指的就是憨豆先生了。这个既笨拙又幼稚，思维简单还经常短路的家伙，却能够在一系列几乎零对白的故事中，向所有人讲述一个又一个令人捧腹的故事。而这一切，都是憨豆先生凭借丰富的肢体语言和变化多端并且出人意料的表情所得到的。

要让一个胆小、弱智、有点傻气却又执着的人给大家讲故事，这本来就是一个难题，更何况这样的人还喜欢跟别人比较，并且做着白日梦，这样的故事怎么讲？靠语言肯定是行不通的。

憨豆先生再次证实了肢体语言的魔力，他用那些好玩的表情和动作向所有人展示了英国式的幽默。他收放自如的肢体表演，仿佛给人们提供了真实的场景，一个鲜活的形象赫然展现在人们面前。

古人常说，聪明难，糊涂更难，而由聪明转糊涂则难上加难。憨豆先生是一个智商只有 7 的人，但他的扮演者却是拥有牛津大学电机工程博士学位的高才生。为了演好这个“白痴”，他也是下了不少的功夫。我们来看一下憨豆先生的表现，他是如何用自己的肢体语言达到让观众心领神会的效果的。

1997 年，憨豆先生的形象第一次出现在电影中，这部电影就是《憨豆先生的大灾难》，这是一部充分展示英国式幽默的影片。在影片中，憨豆先生的角色是一家英国皇家美术馆展览厅的守卫，当他被派去参加美国某名画的揭幕式时，一幕幕啼笑皆非的闹剧也就正式上演了。通过滑稽的表现，他让人们真真切切地体会到这个智商只有7的白痴的生活，他的形象也在人们的脑海中留下了深深的烙印。

戏剧表演艺术家乔治·卡尔林是运用面部和身体讲故事的大师级人物。有一次，他去参加《周六晚直播》这个节目，在节目中展现出惊人的表演天才。按照节目的惯例，嘉宾主持在上台之后有五到十分钟的独白。然而，卡尔林在上台之后，一句话也没有说，他用自己的面部表情和肢体动作为观众讲述了一个无声的故事。在短短的十分钟时间内，他将观众的心牢牢抓住。

我们在讲故事的时候，要灵活地运用肢体动作和面部表情，这些动作是人们能够看得见的，通过这些动作能使听众有更加清晰的体验。

亲力亲为的故事调查

我们要想获得好故事，要想让自己的故事得到更好的传播，就要自己走出去，为故事寻找素材，这样才会讲出更多更好的故事。

海底捞是中国著名的火锅连锁店。发展到目前，它已经有 100 余家连锁店，2万多名员工，每年接待超过3000万人次的顾客。2012年下半年，海底捞将市场拓展到了新加坡，其所具备的口碑效应也让它的生意在新加坡获得一如既往的火爆，受到了新加坡人民的广泛关注。

海底捞取得的巨大成功，和它的服务是有着巨大联系的。这优质的服务背后却是一系列感人至深的温馨故事。

“地球人已经无法阻止海底捞了！”这原本只是一句网络流行语，但是，海底捞却用自身的行动显示出这句话的力量。

每个在海底捞吃过第一顿饭的人，都想再来吃第二回。海底捞不就是一家普通的火锅店吗？它究竟具有什么样的魅力，让人们如此留恋呢？究其根本，就是它优质的服务，每一个到这里用餐的人，都会被它的服务深深打动。

海底捞的创始人张勇并不是一个美食专家，但他却用他的行为颠覆了人们对于餐饮业的看法，创造出一个饮食业的传奇。张勇是一个会讲故事的人，他讲故事的方式就是亲力亲为。

张勇没有出生在一个饮食世家，也不是大餐饮企业的高管，在做海底捞之前，他只是一名普普通通的拖拉机电焊工。

1994年，张勇下岗，为了谋求生计，他就在马路边支起了四张桌子，做起了火锅生意。因为之前没有经验，他只能是现学现卖，因此做出来的火锅口味也并不是那么出色。既然没有过硬的技术，那就只能在服务上做文章了。加快上菜的速度，尽量满足客户的各种要求，对客户总是保持谦卑的态度，对客户保持微笑的服务。张勇感叹道："因为你什么都不懂，如果连最基本的谦虚和对客人的友好都没有的话，你还能有什么生意啊！"

虽然张勇在服务上下了很多功夫，但是海底捞的生意仍然非常冷清。张勇并没有因此而放弃，仍然对火锅事业保持着极大的热情。

有一天，张勇的店里来了一桌客人。这桌客人在吃完饭之后，告诉张勇，他们的火锅味道很好，下次聚餐还会来这里，这让张勇兴奋了好久。可是等他品尝了自己的火锅之后，发现里面的中药放得太多了，味道很苦。这样的味道，客人们应该有意见才对啊，怎么还会得到如此赞许呢？张勇经过一番思索之后，恍然大悟，原来这桌客人是被自己的服务所感动，自己的服务弥补了味道上的缺失。

在经历这件事之后，张勇得出了一个结论：火锅店，服务和产品相比，服务更重要。于是，在之后的时间里，张勇又进一步提升了自己的服务质量，他帮客人拎包、夹菜，满足客人的一切需求。此后，张勇又创造出海底捞的招牌服务动作：右手抚心，腰微弯，面带自然笑容，左手自然前伸做"请"状。直到今天，这套动作仍然在海底捞的各个店中都可以见到。

凭借着优质的服务，海底捞的名声渐渐地大了起来，也逐渐在简阳站稳了脚跟，打开了局面。1999年，海底捞进驻西安，这也标志着海底捞走出简阳，走向全国。就在张勇鼓足干劲，准备成就一番大事业的时候，意想不到的事情发生了。

就在海底捞进入西安几个月时间之后，张勇派去西安的得力助手杨小丽提出辞职，她辞职的理由是，西安的合作加盟店主锱铢必较，海底捞所有的传统都被他所废除，结果导致海底捞连月亏损，马上就要赔个精光了。这对张勇来说，是一个非常不好的消息，对于他辛辛苦苦建立起来的名声是一个不小的打击，张勇当即决定撤掉所有的加盟商。

在撤掉加盟商之后，西安的店铺由杨小丽全权负责。接手之后的杨小丽不忘海底捞的理念，始终将服务放在第一位。杨小丽开始在西安大展拳脚，对客人拿出了超乎寻常的耐心和热情。而这样的服务也让海底捞迅速在西安站稳了脚跟。

海底捞的故事让人们很感动，引起了人们的关注和感动。2003年，全国上下陷入了非典的恐慌之中，人们都躲在家里不敢出门，很多餐饮企业都因此遭受了巨大的打击，很多商家因此纷纷倒闭，餐饮业显得异常冷清。就在这时，海底捞推出了上门服务的火锅，使其一下子声名大振。在这个特殊时期，当别的饭店都冷冷清清的时候，海底捞的订餐电话却异常火爆。为了送餐方便，海底捞将传统的煤气罐更换为轻便的电磁炉，在客户用餐完毕的第二天取回。

2004年，海底捞进军北京市场。当时的北京，火锅店云集，不仅有四川同乡的小天鹅、德庄、秦妈，还有阳坊涮肉、东来顺等知名火锅品牌，可谓“僧多肉少”。如何在激烈的竞争中分到一杯羹呢？海底捞进行了一系列的改革。

从此，海底捞被人们贴上了“肉麻式服务”“变态服务”等标签。在海底捞，人们可以享受到作为“上帝”的优越感，但凡去过海底捞的人，都会对其优质的服务留下深刻的印象，有时候甚至会觉得“不好意思”。但是，这样的服务也让有的人受宠若惊，让他们非常不自在。但不可否认的是，海底捞接近“变态”的服务，征服了很多消费者的心。

随着海底捞火爆程度的不断增加，海底捞的店外排起了长长的队伍，如果不提前预约的话，就要等上一个多小时的时间。等餐对于饥肠辘辘的人来说，是一种痛苦的煎熬。但是，在海底捞等餐却变成了一种享受。

在海底捞，等待就餐的人可以享受免费的水果、饮料以及零食。如果人多的话，服务员还会主动送上扑克牌、跳棋之类的游戏工具，让人们通过游戏打发掉无聊的时间。除此之外，你还可以自己动手折叠千纸鹤，折满 30 只就可换取一盘免费的火锅配菜，或者来一次免费的美甲，抑或来一次免费的擦鞋。

海底捞有一个广为流传的故事：一位客户在结完账之后，随口说了一句：“怎么没有冰淇淋呀？”几分钟之后，服务员就气喘吁吁地递上了一个冰淇淋，并且非常抱歉地说：“我们店里不提供冰淇淋，这是我去对面超市买来的。”这样的细节故事还有很多，比如打了一个喷嚏，服务员就会为其提供一碗热气腾腾的姜汤。这样温暖贴心的细节感动了很多客户，而这样的小细节在海底捞是随处可见的，这也是很多人都愿意来海底捞的原因。

海底捞这种优质的服务也将品牌延续到了海外，它在美国和新加坡纷纷设立了分店，自此海底捞开始正式进军海外市场。海底捞凭借“超级服务”不仅赢得了中国火锅的市场，更是将影响扩大到了海外，创造了饮食文化的传奇。

那么海底捞这种优质的服务是如何做到的呢？张勇的回答非常简

单：“人心都是肉长的，你对人家好，人家也就对你好。只要想办法让员工把公司当成自己的家，员工就会把心放在顾客身上。”这就是海底捞优质服务的秘密。让员工用心工作，这是全世界每一个老板都渴望得到的，但是能够做到这样却是非常少的。而张勇能够做到，是因为他之前就是一名普通的员工，他了解员工的心思，知道该如何去对待他们。正是在创业时的亲力亲为，让张勇意识到了服务的重要性，也因此，才有了海底捞一系列感人的故事，让海底捞取得了巨大的成功。

听众开始动脑，你的故事就成功了

要想让自己的故事更加鲜活，更好地影响到听众，就要调动起身体的各部分，使其鲜活。要用自己身体各部分给听众造成感官上的冲击，以便听众更好地融入你的故事当中。讲故事的声音则是造成感官冲击的最好途径。声音能够直接作用于哺乳动物的情感大脑，能够更好地表达出内心的真实情感，这样就会影响到听众的行为。比如，如果你对一只小狗恶狠狠地说“我爱死你了”，它不会上来和你耳鬓厮磨，而是转头落荒而逃；相反地，如果你柔情蜜意地对它说“我恨死你了”，它反而会对你摇头摆尾，尽可能地去巴结你。

听觉是人类感知世界的一个重要途径，是人们接受外界刺激的第二个主要通道。人类生活在充满声音的物质世界里，几乎每时每刻都在接受外界声音的刺激。听觉能够让人们享受到美妙的音乐和动听的歌声，感受到世间的各种美好。通过听觉，人们可以获得声音所传递的各种各样的信息，从而互通往来、传授知识、交流思想等。听觉在人们的实际生活中有着重要作用，是人们接受外界事物的重要信息源。

通常情况下，人们可以通过听觉判断出声音的来源，这主要是由于听觉的空间定位功能。听觉对于空间定位是很重要的。盲人在判断一个事物的时候，主要依靠的就是听觉。就听觉而言，单靠一只耳朵对空间进行定位的话，是不能有效地判断声源的方位的，只能判断出声音的远近。要想准确地判断出声音的来源，就要双耳同时进行。由于我们的双耳位于头部左右不同的位置，所以当声音传到耳朵当中的时候，就会有一个先后的时间差，而这一短暂的时间差就成了人们判断声源位置的重要线索。

我们会有这样的体验：当我们身处在一个安静的房间中，我们可以清楚地听到暖气管中的水流声、钟表的嘀嗒声。但是如果在室内很嘈杂的时候，我们是听不到这些细微的声音的。这种现象被称为“声音的掩蔽”。

有这样一个故事：

秋收时节，地主在巡视谷仓时，不慎遗失了一只名贵的怀表。在偌大的地方寻找一只小怀表，就好像大海捞针一样。于是地主就发动所有人去找，并定下“谁能找到怀表，谁就可以免去当年的劳役”这样的奖赏条件，除此之外，还有高额的赏金。

在这样的奖赏之下，所有的人都一拥而上，可是谷仓里堆积了太多的谷料，再加上大批的稻草，所有人都无功而退。就在所有人都知难而退的时候，一个小孩却静静地坐在谷仓的门口，似乎在等待着什么。

直到太阳下山，其他人都离开了谷仓之后，这个孩子才开始努力地寻找那只怀表。这个小孩见过那只怀表，对于怀表的声音记忆深刻。对于他来说，那嘀嗒嘀嗒的声音，就像是免除劳役的号角，在指引着他前进。

谷仓里开始变得一片漆黑，小男孩虽然很害怕，但是为了免除劳役，只能屏气凝神，默默地寻找。经过漫长的寻找，男孩突然听到了一个奇特的声音，那声音不停地响着。这个时候，小男孩停下了所有的动作，谷仓内更加安静了，嘀嗒声也就更加清晰了。小孩仔细地听着声音，判断它的方位，终于在空旷漆黑的谷仓中寻找到了那只怀表。

这个故事一方面赞扬了小男孩的聪明，他巧妙地利用声音找到了怀表。另一方面则显示出了声音对故事发展的推动作用，怀表是一直固定在那里的，但是由于人们对声音的不同理解，才能够让故事得以发展下去。如果人们都像小男孩那样聪明，那故事也就没有讲下去的必要了。

听众通过你的肢体动作和语言描述，给他们造成各种感官上的冲击，从而能更好地进入到故事世界当中。广播播音员，为了能够让单调的故事显得更加丰富，经常会模仿各种声音来让故事显得更加真实。比如说到刮风的时候，他们会真的鼓起腮帮子模仿风吹过的声音。有了这样鲜活的元素，就会让故事更加生动活泼。

散文《口技》就是用声音讲故事的经典之作，它通过对各种声音的描写，将一幅幅画面生动地展现在人们的眼前。

狗叫声远远地从巷子深处传来，被惊醒的妇人一边打着哈欠，一边伸着懒腰，接着又深深地睡过去，在她一旁的丈夫说着梦话。一切都是那么祥和宁静，随着孩子的哭闹声，这一切都被打破了。夫妇二人被孩子的哭声吵醒，妻子起身给孩子喂奶，但孩子仍然哭闹不止。

大一点的孩子被别的孩子的哭声吵醒，纷纷抱怨起母亲。一瞬间，手拍孩子、哄孩子、啼哭、唠叨、呵斥等各种声音同时发了出来，在各种声音的夹杂之下，故事也被表现得惟妙惟肖。

全场的听众，都被这样的表演所震惊，发出了由衷的赞叹。当表演结束的时候，人们仍然沉浸在故事中，过了好长时间才反应过来。

当我们读完这篇散文的时候，作者所讲述的画面也在我们的脑海中不停地出现，久久不能散去。

讲故事的高手，总是能够用自己的声音，给听众造成感官上的冲击，更好地触动他们的感觉，让他们置身于故事当中，就像他们亲身经历了一样，那么就会产生和你一样的感受。

要想让我们的故事激发听众的想象力，就要尽可能地通过各种办法去刺激他们的感官。除了声音，我们还可以通过肢体语言、时间把握、词句的斟酌等方法，在听众的脑海中架构出故事的画面，让故事深深地镶嵌在他们的脑海中，而他们也会通过对故事的思考，得出自己的想法，那么你讲故事的目的也就达到了。

故事要自我，哪怕你是错的

让·保尔说过，没有个性，人类的伟大就不存在了。每个人都是一个独立存在的个体，个性使我们不同于其他人。个性让我们每个人的存在都有了意义。个性的不同，其实就是价值观的不同，这种价值观来自于人的主观意识。如果你的故事中多一些主观观点，也会让人受到启发的。

在一个土著部落，有这样一个族规：每一次集体活动的时候，大家都必须赤身裸体。这个规矩虽然遭到了很多人的不理解，甚至遭受了很多的白眼。但是，他们却从来没有因此而改变过。直到有一天，瘟疫降临到这个部落中，很多族人都感染了疾病，卧床不起，部落里的医生用尽了各种办法，都无济于事。经过商量之后，他们决定去邻近的部落请一位有名的医生。但这位医生知道他们的族规，认为去他们那里很难为情，就拒绝了他们的请求。

但是，为了拯救族人，部落的首领只能三番五次地去邀请医生。在多次邀请之下，医生只好答应了。当这位年迈的医生背着重重的药箱，一丝不挂地出现的时候，前来迎接的族人们全都愣住了。原来，他们觉得请来这个医生非常不容易，为了尊重他，就破例都穿上了衣服。因此，在那一天，所有的人都穿上了西装，打上了领带。

从这个故事中，我们可以看出，当一个人尊重你的时候，他也会尊重你的个性，尊重你的价值观。你所要做的就是，不改变自己，坚持自己。

提起哈雷，人们首先想到的就是它的个性。哈雷摩托车并不是一款实用的代步工具，它的性能远不及丰田，但是它的价格却非常高相当于一辆中档轿车的价格，这些看起来似乎并不具备很大的优势。但是，哈雷却能够让年轻一族趋之若骛，可以说是一大奇迹。为什么年轻人能够对它如此痴迷呢？当你去问一个“哈雷迷”时，你会得到一个统一的答案：哈雷不单单是一辆摩托车，而是一个宝贝，一个高级玩具。哈雷吸引他们的不是物质产品，而是品牌所传达的精神：满足所有的个性。的确，哈雷从设计到销售的故事，都是极具个性的。可以说，个性已经深深地融入哈雷的血液当中。

哈雷象征着美国的一种精神，它的成功是美国传统制造业的传奇。1903年，21岁的威廉·哈雷和20岁的阿瑟·戴维森在一间小木屋里“生产”出了第一辆哈雷，并将其命名为“哈雷—戴维森”。哈雷的造型延续着原始的粗犷，每一辆哈雷都像一个性格不羁的壮士，展示着它内在的狂放野性。在零件的设计上，哈雷也是非常有个性的，能裸露的零件尽量都露出来，给想要改装的车手们提供自由发挥的空间。1905年7月4日，是美国的独立日，而这一天对哈雷来说也是特别的一天，在这一天，哈雷发表了一篇“个性解放宣言”。在芝加哥举行的摩托车锦标赛上，哈雷以惊人的速度夺冠。哈雷将发动机在原来的基础上进行了创新和改装，从这以后，哈雷向人们证实了它是一个极具创新潜力的品牌。哈雷也随之迅速发展起来，并且不断扩大市场。从1912年第一辆摩托车出口日本起，哈雷便一发不可收拾，现在它已经销往全世界二百多个国家。

从创立之初，哈雷就致力于个性化品牌的塑造。在机械、外观等各方面总是不断改进和创新，并开发了多种服务项目，提高了品牌的附加值。哈雷还改变了传统的购车行为，推出了个性定制的销售模式，让消费者参与到产品的制作过程中，并且在提供原厂车销售的同时还提供零部件的销售。车手们在购买原厂车后，也可以根据自己的爱好和创意，购买自己喜欢的零部件进行改装。当然，你还可以要求哈雷厂商为你量身定做，包括异形车架、非常规引擎、传动装置、变速装备、纯皮坐垫、皮鞍袋、车轮、油漆图案，甚至一颗颗电镀的装饰螺丝、螺母都可以由车手自主选择。

全美各地每年都会举办摩托车拉力赛，在拉力赛中总是会有大批的车手骑着自己改装的车聚在一起，寻找创意的灵感和个性奔放的快感。

哈雷粗犷的造型和轰鸣的马达，能够挣脱一切速度的束缚，而它的野性也征服了一大批电影导演。在《无爱之战》《怒火街头》《野性骑手》《逍遥骑士》等电影中，都能看到哈雷狂野的姿态，哈雷成为个性张扬的化身。这种摆脱一切、追求自由的性格，使哈雷迅速拥有了一大批忠实的追随者。其中有渴望反抗工作压力的白领，有标新立异的时尚青年，有亿万富翁，有政治领袖。可以说，哈雷的追随者遍布各个领域，有时尚人士，有普通人，也有精英人士。无论是什么身份的人，都会有压力，也都会遇到各种各样的问题，而哈雷则为他们提供了一个宣泄的空间，让他们可以尽情地做自己，尽情地展现自己的个性。

哈雷能够满足不同大众的需求，它不但有价值几万美元的高档型，也有价值几千美元的低档型。另外，哈雷还提供租赁服务，凡是对哈雷感兴趣的人，都可以尝试和拥有哈雷。除了摩托车之外，哈雷还为车迷们开发了各种衍生产品，比如帽子、头巾、内衣、袜子、夹克衫、靴子、钱包、打火机等各类服饰以及生活用品，为哈雷迷们从头到脚提供了全套的装备，让他们完全沉浸在哈雷的世界当中。

20 世纪 60 年代，是嬉皮士盛行的时代，而他们不羁的性格和哈雷不谋而合，哈雷因此成了他们的精神寄托。那纯金属的坚硬质地，炫目的色彩，大排量和大油门所带来的轰鸣声，都让他们为之疯狂。为了展现狂热、叛逆、不羁的风格，他们穿上哈雷标志性的外套、破了洞的牛仔裤和粗犷的皮靴，身上刺上哈雷的标志。当他们以这样的形象出现的时候，人们纷纷被这极具个性的行为所震惊，引起了全社会的轰动。哈雷和嬉皮士成了那个年代的标志。

直到现在，走在美国的大街上，当你听到轰鸣的马达声，痛快淋漓的叫嚣声，似乎让烦闷的空气也多了一丝畅快。在街上也会看到骑士们经典的装扮：黑 T 恤、黑皮裤、黑皮靴、黑墨镜和凌乱的长发，他们的手臂上文有哈雷的飞鹰标志，无论多冷的天气，他们都会不失时机地将手臂露出来，用血肉来证明对于品牌的忠诚，对于个性的忠诚。

哈雷的成功，离不开经营者们善于抓住商机的眼光以及不断开拓进取的精神。但最主要的是他们赋予了品牌历经沧桑、浓缩激情、自由和狂热个性的品格。哈雷的故事是充满个性的，它的故事中充满了很多主观因素，它始终坚持做自己，而这样的坚持也是它能获得成功的重要因素。

只要立场坚定，歪一点都没关系

通常情况下，越是感人的故事，就越简单清晰，在简单清晰的叙述中饱含浓浓的真诚。这样的故事经常能够影响到他人的感情，它所传达的主题能够在短时间内刺激人的感情，让人产生信赖、忠诚、同情等极致的个人感情。

阿甘是美国电影《阿甘正传》中的人物。在这部影片中，阿甘是美德的化身，无论任何时候，阿甘都能豁达、坦然地面对多舛的命运。这部影片在第67届奥斯卡颁奖典礼上获得了最佳影片、最佳男主角、最佳导演、最佳视觉效果、最佳剪辑、最佳改编剧本六项大奖，成为当年全美票房之首，在有史以来最卖座的影片排行榜上名列第四。这部电影凭什么创造了这样一个奇迹呢？创造这个奇迹的就是这部电影讲述了一个关于励志的故事，这个故事让人感动、让人温暖，甚至让人同情。

> 阿甘是一个智商只有75的弱智，他天生残疾，但他并没有因此放弃，而是凭借自己的坚持，活出了精彩的人生。他诚实守信、做事认真、坚持不懈、重视友情、勇敢无畏。他对人只懂得付出，不求回报，也从不介意别人的拒绝。但这些品质并没有获得别人的

尊重，反而还遭到了别人的嘲笑。

上学第一天，阿甘就受到了同学们的排斥和欺辱。但他并没有抱怨什么，当那些骑自行车的男孩子追打他的时候，他就逃走，不去理会他们。几年之后，阿甘残疾的腿竟然奇迹般地恢复了正常，并且跑步的速度非常快。这一切被一位橄榄球教练发现了，于是他就开始帮助阿甘，在他的帮助和阿甘不懈的努力下，阿甘后来上了大学，还成为一名橄榄球运动员。因为在球场上出色的表现，他还获得了肯尼迪总统的接见。

后来，阿甘被稀里糊涂地送到了越南战场，在一次激烈的生死战中，他凭借自己奔跑的速度脱离了危险，当发现自己的战友还困在险境中，他竟不顾危险，返回丛林中去救他的战友，将他们一个个背了出去。而他因这英勇的举动，再次受到了肯尼迪总统的接见。在战争中，他答应战友巴布，等回去后一起买一只捕虾船。虽然，战友在战争中不幸遇难，但他仍然坚守这个诺言，在退役后用拍广告的钱买下了一只捕虾船，完成了战友的遗愿。然而这只“巴布—阿甘”船却意外地大受欢迎，为他带来了巨大的财富。在他心爱的女人离开他之后，他开始进行长跑，三年穿越整个美国。他没有任何理由，他就是想跑，就是这么简单。阿甘的毅力和坚持，让他一时间红遍美国。

也许你会觉得阿甘的成功是因为命运之神的眷顾，他的成功也是一时的巧合。但是，在仔细思考过后，你就会发现事实并非如此。阿甘虽然很笨，但是他却认真地做好每一件事，他没有去刻意追求什么。命运往往是不可预测的，谁也没有想到，这个曾经不被学校正常接纳的人，却成了大学生、橄榄球明星、战地英雄、乒乓明星、国会勋章获得者，甚至是亿万富翁。

阿甘的成功不是偶然的，除了他的努力之外，与他自身的品质也是分不开的。这看似无数的巧合其实是他自身的品质所带来的必然结果。比如，他的诚实为他赢得了与中尉的友谊，他的守信和执着为他带来了捕虾事业和爱情。对于阿甘来说，人生就像一次没有特别原因的跑步，没有既定的终点，只是不停地往前跑。你看，阿甘的思维就是如此简单。也正是这种简单，让他获得了无数人梦寐以求的成功。

阿甘把自己的智慧、信念、勇气集中在一起，他什么都不顾，只知道凭着直觉不停地奔跑。他跑过了儿时同学的歧视，跑过了大学的足球场，跑过了战火纷飞的越战泥潭，跑遍了全美的每一寸疆土，并且最终跑到了他的终点。

《时代周刊》的记者对美国公众观看这部电影后的情景曾有过这样的描述："男女老幼怀着真诚的感伤涌进电影院。孩子们似乎在想问题，成年人在沉思，成双成对的人则紧紧握住对方的手。"这样一个关于执着的人生故事，带给了人们恒久的感动。

生命中总是充满了很多的未知，其中有好的，也有坏的；有酸甜的滋味，也有苦辣的滋味。无论是什么样的境调，我们都应该以一个积极的心态去面对。我们应该保持一个从容、乐观、积极的心态。也许这样你就会获得幸运之神的眷顾，那么你的人生也许就会变得不一样。《阿甘正传》的故事就传达出了这样一个观点。

阿甘的故事感动了无数人。他傻傻的执着感动了无数人，激励了无数人；他的真诚，获得了无数人信赖；他的傻气，却又博得了很多人的同情。就是这样一个带着傻气的形象，却用一个又一个励志的行为，讲述了一个激发人们无数感情的故事。

第十章

学会这些，故事大师就是你

先了解你的故事是什么

简洁的故事需要你从复杂的信息中提取重要的信息,然后进行编辑。这就需要对自己的判断力有足够的信心,相信自己的判断力也就意味着你相信自己的听众。当你选择出最能体现你为何人和你为何在此的故事之后,那么该选择哪些重要的信息就变得简单了。选择一个简单并且能够产生巨大效果的故事,这需要一个非常严格的过程。但是,只要你的故事能够传达出正确的价值观,能够给人以启示,就算你的故事再简单,它也是一个好故事。

LV 是路易 · 威登的缩写,但是这两个简单的字母组合,却成为风靡全球的奢侈品标志。而这个品牌的创始人路易 · 威登用这两个简单的字母讲述了一个伟大的故事。

之所以有 LV 这个品牌,竟然是因为一个门童的细心观察。LV 的创始人路易 · 威登是法国一个木匠家庭的孩子,为了生计,他进入法国宫廷,专门给要出去旅行的王公贵族们打包行李。19 世纪,欧洲的贵族们去度假,总是会用笨重的木箱来装旅行所用的物品。拿破仑二世登基的时候,法国版图的扩大引起了乌婕妮皇后游历欧洲的兴趣。于是她就选择了当时最时髦的交通工具火车去往欧洲，但是这给她带来了很大的麻烦：旅行携带的行李箱很容易在火车的颠簸中倒下，那些美丽的衣服也会因此变得皱皱巴巴。这个时候，路易·威登凭借自己的手艺，将皇后的衣服巧妙地固定在旅行箱内，成功地解决了这一问题。因为帮助皇后解决了问题，他获得了皇后的注意和信任。在为这些贵族服务的过程中，他了解到了旅行者们的苦与乐。

1854年，路易结束了宫廷的工作，在巴黎开创了自己的第一家皮具铺。心灵手巧的路易·威登制作出了轻便耐用的箱子，他认为这种箱子能够免除人们在旅途中遇到的各种麻烦和担忧。这种箱子很快就成为巴黎贵族出门旅行的首选物品。

随着需求的增加，路易·威登不得不扩大店面。1859年，路易·威登在巴黎近郊设立了第一家工厂。路易·威登在设计、生产的过程中注重解决旅行者的实际问题，他以实用的理念为基础，在时尚和专业方面不断深入。

1871年，路易·威登在Scribe大道上开设了一家新店；1875年，分店开到了伦敦市中心。公司的发展为产品的创新提供了更坚实的基础。1889年，世界上第一款坚硬旅行箱问世，这款箱子适用于长途旅行，它能承受长期的颠簸，能够给旅行者带来安心和舒适。直到现在，这款旅行箱都是路易·威登的骄傲。

1896年，路易·威登的儿子乔治用父亲名字的简写L和V配合花朵图案，设计出直到今天仍然享誉国际的交织字母。从设计之初到2013年，印有“路易·威登”这一独特图案的交织字母帆布包，随着经典的传奇以及典雅的设计，成为时尚的风向标。

LV的品牌故事其实就是一场旅行，在它的故事中，我们可以看到行李箱徜徉在如花的山水美景中，氤氲的光线将生活还原为淡然的状态。行李箱就像是自己私藏的珍宝一样，无论时间怎样流逝，它们都会陪你度过美好的一天。

经过一百六十余年的发展，LV 为了满足现代人对于生活品质的需求，设计生产了可以存放两瓶酒的酒袋，还有可折叠的随时可以打开用来阅读、写生的桌椅。

在快节奏的时代，人们在奢侈的物质生活中成为精神上的贫民。这时，奢侈品的领军者 LV 开始思考如何提高人们的精神生活，以此来实现生命的价值。于是 LV 将“生命是一场旅行”作为故事主题，开始为大家讲述一个有关生命的故事旅行就是为了找到生命的意义。

2008 年，LV 在中国投放了第一个电视广告。在广告中，我们能够清楚地读懂 LV 向我们传达的生命价值：

> 何为旅行？旅行不是一次出行，也不只是一个假期。旅行是一个过程、一次发现，是一个自我发现的过程。真正的旅行让我们直面自我，旅行不仅让我们看到世界，更让我们看到自己在其中的位置。究竟是我们创造了旅行，还是旅行造就了我们？生命本身就是一场旅行，生命将引你去向何方？

在这段广告词中，LV 向我们传达了旅行的意义，在旅行的过程中，我们能够找到自己，能够体验到不一样的人生，树立新的人生价值观，实现生命的价值。而伴随生命旅行的就是一直以卓越品质著称的 LV 旅行包。

2008 年 6 月 16 日，LV 又推出一款名叫 Sound Walk 的特殊产品，这是路易·威登的慢行之旅跟着声音去旅行。它带你去的不是标志性的建筑，而是那些积淀了城市文化精髓的小巷、弄堂等，在这里聆听时代的印记，寻找当初最美好的回忆。于是，忙碌的人们就迫不及待地准备一只属于自己的LV旅行箱，整理好心情，开始踏上寻找生命意义的旅程。

LV向我们讲述了一个关于旅行的故事，让我们懂得了生命的真正意义是能够认识自己。在认识自己的过程中，也就谱写了一个个简单而伟大的故事。就像卡缪斯说的那样："当有一天，你停下来与自己对话的时候，你会发现你已经陷入了一个完全陌生的世界。当你问你自己是谁，你生存的意义是什么的时候，你会感到惶恐不安，你会发现那是一个让你完全陌生的世界。复杂忙碌的生活使你迷失了方向，于是热爱生命的人们总是会寻找自己的位置，从而获得生命的意义。"

LV的故事很简单，但是它却向人们传达了"生命本身就是一场旅行"这样的人生意义，让人们的灵魂得到了升华，让人们的心灵在复杂的社会中得到了解放。

讲故事是个自我诊断的过程

在当今的社会当中，产品之间的竞争可谓是越来越激烈，由于技术的发达，如今的产品很少会出现“一家独大”的情况，但现在的产品在质量上越来越接近，可谓让消费者眼花缭乱。那么如何才能让自己的产品在一堆同样形式、同等质量的产品中脱颖而出，让自己的企业在同行的竞争中占据领先的位置呢？

耐克公司就是一个成功的典范。它之所以能够从一个默默无闻的品牌打造成为篮球运动装备的第一品牌，这和企业巧妙的设计以及过硬的质量是分不开的，除此之外，就是它对于故事的运用了，如果没有强大的故事作为后盾，那么在众多的运动品牌里，谁又会注意到它呢？ 而把耐克这个品牌推向世界的，就是它的故事的代言人乔丹，这个披着天蓝色战袍的黑人少年。在耐克公司和乔丹合作的20年时间里，他们可谓是相互衬托、携手并进、共同成长，创造了一个又一个神话。

当决定将赌注压在乔丹身上之前，耐克公司其实在市场定位上也挣扎了很长一段时间，最终他们决定扩大领域，将原来单一的跑鞋拓展到整个篮球领域。但是，当时这个策略并没有取得成功，甚至被认为是失败的。这个时候就迫切需要一个代言人来推动品牌的宣传。

1979年，这样的一个机会悄然来临。当时耐克公司和前篮球运动员约翰·保罗·瓦卡进行了一次会面，而这次会面为耐克公司和大学教练以及球队签约提供了契机，瓦卡就成为耐克球鞋的代言人。在这之后，陆续有不少大学接受了耐克公司的赞助，它们包括拉斯维加斯大学、乔治大学等。通过这样的营销策略，耐克公司取得了一定的成功，它通过在学校中的推广，为自己的品牌知名度开辟了一定的空间，在经济上也获得了巨大的效益。

随着利益的不断扩大，耐克公司决定进一步扩大领域，决定进军职业联赛，想要寻找一位名气更大的篮球选手作为产品的代言人。但是，当时像拉里·伯德这样的球员，全都被匡威给签下了。如果耐克想要从中横插一杠子，可不是一件容易的事情。所以说，耐克公司只能另辟蹊径，而在这个时候，乔丹进入了耐克公司的视野，虽然当时的乔丹不够出名，但是他却足够特别，耐克公司非常想签下他。而当时的乔丹却非常钟情于阿迪达斯公司，但阿迪达斯公司对于没有名气的乔丹表现出毫不在乎的态度。这个时候，耐克公司就表现出了和阿迪达斯形成鲜明对比的态度。因为耐克公司刚刚发现乔丹的时候，就从他的身上嗅到了独特的气质，并且认为他将来会成为一个改变篮球历史的人。虽然这个时候的耐克公司并不是很景气，但是他们还是决定在这个少年身上赌一把。

为了能够尽快地和他们认定的潜力股达成合作，耐克公司可谓使出了浑身解数，给出了丰厚的条件：他们为乔丹打造个人品牌，如果这个品牌的鞋全部销售出去，还会给予乔丹一定比率的提成。1984年的夏天，耐克公司和乔丹的第一份商业合同终于签订了。耐克公司与乔丹的合作促成了一个双赢的结果：乔丹因为这次合作成功拥有了自己的个人品牌，成为体育商业的第一人，而耐克公司也凭借“飞人鞋”发展成了全球最大的体育用品公司。可以说，乔丹和耐克的合作，是现代商业和现代体育一次完美的结合。

在球场的十余年时间里，乔丹凭借着自己的勤奋和天分，成了全世界最成功的职业体育明星和商业体育明星。身为公认的历史上最伟大的球员，他的成功既包含了在篮球事业上做出的巨大贡献，同时也包含了他在这项事业之外所取得的成就。就比如，他无与伦比的个人影响力以及由此而产生的神话般的商业奇迹。

1985 年，第一双红白相间的乔丹鞋诞生了，它伴随着乔丹在球场上不断跳跃、奔走，而耐克公司也凭借它出尽了风头，可谓是“春风得意”。但是，这样的风头没有持续多久就遭到巨大的打击。在第二年，NBA 总裁斯特恩发布了一项规定：禁止球员穿着非联盟规定颜色的球鞋打球。如果违反禁令，需要付出承担罚金的代价。但是，在乔丹强大的代言能力面前，耐克公司还是选择了承担罚金。除了这样的打击之外，耐克公司还面临这样一个局面：耐克公司的乔丹球鞋在市面上已经断货了。模仿者也是纷至沓来，市面上出现了越来越多的黑白相间的运动鞋。当时的市场规律是，把所有的球鞋弄成黑白相间，然后卖掉它。这可谓让耐克公司遭受了非常沉重的打击。

但是，这并没有影响到耐克公司对于黑白球鞋的追求。在几经周折之后，黑白相间的球鞋依然出现在乔丹的脚上。虽然，从表面上看罚款可能是一种损失，但是，在这种损失背后却隐藏着巨大的利润：1984 年，耐克公司的全球销售额是 9 亿多美元，而在 1997 年，乔丹在冲击他第六枚总冠军戒指之前，耐克公司的销售额已经攀升到了 91.9 亿美元，利润达到了近 10 倍的增长。

直到现在，乔丹鞋依旧受到人们的热烈追捧，依旧在热销当中。23 号球鞋也已经成为一个传奇人物、一个时代、一种文化的象征，它不断地深入人心，在人们的心中生根发芽。而耐克公司也随着这种意义的出现及其在人们心中不断稳固直线上升而获得了巨额利润。

从耐克公司的过往经历我们可以看出这是一个不断成长的公司，它不单单是押对了宝，更是创造了一个奇迹，它伴随着乔丹的故事而显得意义重大。

而耐克公司也向我们呈现了一个企业不断发展、不断完善的过程，没有任何一家企业的发展是一帆风顺的，都需要经历种种困难和挫折，但也正是这样的困难和挫折，才让一个企业越来越坚强，越来越完善。而这样的企业故事会成为一种精神，不断地激励着企业向前迈进。

让故事变得更简洁

19 世纪，英国著名诗人丁尼曾说：“最伟大的人因为简单而显得崇高。”同样，一个故事也会因为简单而受到人们的青睐。

在当今这样的忙碌社会中，人们脚步匆忙，总是有各种事情要做，很少有人能拿出足够的时间和耐心去听你的长篇大论。所以，要尽可能地让自己的故事变得简洁一些，这样才能让故事更加有活力，才能更好地去打动人。让自己的故事变得简洁，可以让自己的故事多一些受众。

王石就深谙这个道理，他总是为自己讲述着简单的故事。

1980 年，王石通过招聘考试，进入了广东省外经委，负责招商引资工作。待了六年之后，他来到深圳发展。在这里，他做起了饲料中介商人，通过倒卖玉米赚到了人生的第一桶金，他用赚到的 300 万元开办了深圳现代教科仪器展销中心。1988 年，企业更名为万科。更名之后，王石又进行了一系列的股份制改革。到 20 世纪 90 年代，万科已经发展成为拥有十多项业务的多元化上市公司，经营的产品包含电器、仪器等，同时旗下还有服装厂、手表厂、饮料厂、印刷厂等。

1988 年 11 月，万科参加了深圳威登别墅地块的土地拍卖。在拍卖会上，万科在经过白热化的争夺后，终于胜出，拍下了这块土地。同年 12 月，万科发行了中国内地第一份《招股通函》，完成了企业发展史上的重要一步股份制改造，发行股票 2800 万股，并开始涉足房地产等诸多行业。就这样，万科进入了房地产行业，这时的王石只有 37 岁。

1991 年 1 月 29 日，万科在深圳交易所挂牌上市，代码为 000002。1993 年 4 月，万科开始在香港地区发行 B 股股票，B 股的买家主要投资基金。为了赢得这些商业资本，万科就开始讲述它旗下 13 个企业的故事。但是，由于故事太多，让那些基金经理听得一头雾水。他们想要知道的其实很简单，就是想知道万科到底是做什么的。他们认为，买联想，买的是 IT 行业；买新东方，买的是教育行业；那么，买万科，他们到底买的是什么呢？在当时，虽然万科横跨很多行业，但是并没有在任何一个行业中取得突出的成绩，所以万科在哪个行业中都算不上什么。商业资本投资的是整个万科，而不是一个零碎的小项目。为此，基金经理们说："多元化是我们基金做的，不是你们万科应该做的。"他们说完这句话之后，就扬长而去了。

万科这才意识到自己的企业过于复杂，而且并没有成为任何一个行业的老大。于是他们就提出了以房地产为主的发展方向，将其余的业务都分离出去，于是就有了著名的"减肥"运动。

万科先后减去了写字楼等商业建筑，减去了偏远地区的业务。到 20 世纪 90 年代，万科已经瘦身成为一个专门从事开发发达地区中高档住宅的房地产企业，并逐渐发展成房地产行业的龙头企业。

王石是这样认为的：越是大企业的故事，越是简单。比如可口可乐公司，他们只需要两秒钟的时间介绍自己：世界上最大的软饮料公司。

越是简单的企业，越是会取得成功。

有这样一则寓言故事：

> 橄榄树嘲笑无花果：“你看你多丑啊！我身上一年四季都是绿的，多么鲜艳，多么美丽。可是你的叶子一到冬天就全都掉光了，光秃秃的，可真难看！”过了没多长时间，一场大雪就降临了，大雪压在满是叶子的橄榄树身上，重量很大，把橄榄树的枝干都压断了，美丽的叶子给橄榄树带来了严重的伤害。而无花果呢，因为少了叶子，大雪通过枝干落到了地上，并没有在它的身上积压，于是它成功地躲过了这场大雪，安然无恙地度过了这个冬天。

有时候，过于复杂和面面俱到，在不合适的环境中，反而成了一种负担，会给自己的生命安全带来麻烦。所以，在这个纷繁复杂、不断变化的社会中，简洁明了往往让人感觉更加真实，更容易被人们所接受。

但是故事的简单并不意味着思想的简单，在简单的故事中，要有充足的思想，要让听众能够有所领悟，这样的故事才是一个成功的故事。我们来看一个球迷所写的故事：

> 20年前，法兰西之夏，一个俗人喜欢上了一支俗队，他们徒有虚名、技艺粗糙，每每被视作夺冠的热门，每每让人贻笑大方。我开始变成一个白痴，死脑筋地追随这支球队，无条件地接受他们带给我的痛苦、耻辱、嘲讽。在我还没成为球迷之前，我就已经成为伪球迷，我伴着他们一路浮沉，眼中再无其他。
>
> 七年前，站在伟大的梦剧场老特拉福德看台，耳边汇聚着歌声、骂声、呼喊声、嘘声，那是足球特有的美妙音符。我激情澎湃，终

于找回年少时默默许下的幼稚梦想。这里的球迷实在可爱，他们心无城府，一辈子、几代人追随一支球队，陪伴他们保级、降级、夺冠……只要是有球赛的周末，只要你跟他们聊起足球，司机恨不得免费载你去球场；即使不消费，酒吧老板也可以免费给你叫车回宾馆；指挥交通的骑警在将近10万球迷的围堵中，耐心地给你画地图。他们立场分明，为了自己所爱，想骂就骂，恨完再爱。他们纵情地宣泄自己，默默承受足球带来的一切快乐与伤害。我终于明白为何我甘愿跪拜在这样一支毫无特色的球队脚底下这么多年，因为我的秉性亦是如此，讨厌复杂、虚伪，总是冲动、感性、一根筋执着到底。

这是一个简单的故事，但是它的中间却有着诸多不简单的过程，每两年一次大赛，伴随着期待、虐心、失望，重新开始。仅仅几百字写不出 20 年的感情，20 年的追随中有太多的感情，通过文字是很难全部表现出来的；但是作者却通过这几百字的文字，将内心的纠结、失望、痛苦、执着淋漓尽致地展现出来，让人们看到了一个球迷的内心变化。虽然简单，但是引起了很多人的感同身受。

接受反馈的技巧

商家在将产品卖出去之后，总是会对消费者进行一个售后询问，希望消费者能够给予反馈。因为从消费者的反馈当中，商家可以知道产品的优缺点以及服务的好坏，有时还能得到一些比较好的建议。因此，别人的反馈也是非常重要的“财富”。

同样的道理，我们在练习讲故事的时候，也是需要听众反馈的。我们需要为自己找到尽可能多的听众，最好是那些能及时对自己提出批评的听众。在他们的反馈当中，不断提高我们讲故事的能力。

他人的批评，有助于我们提高客观思维能力，但是它会在一定程度上抹杀我们的主观思维能力。为什么很多艺术家的行为十分古怪，因为他们明白，只有这种另类的行为才能让人们注意到自己，才能为自己赢得更多的关注度。因此，对于别人的反馈，我们也不能全盘接受，否则就会将自己的想象力和创造力埋没。

一棵新栽培的小树，开始的时候是需要阳光和水的沐浴的，但是也不能浇过多的水，否则就会将小树淹死；长大之后，需要剪枝的时候，也不需要剪得太多，如果剪得太多，小树就会枯萎而死。同样的道理，如果一个新的故事接受了过多的批评，就会打击讲述者的自信心，使其产生消极的情绪。但是，批评的内容和讲述者的主观情绪也是存在着很大关系的，因此，要想接收到适度的批评，就需要讲述者有一个相对平稳的情绪，在你的故事缺乏某种强烈情感的时候。但是也要注意，不要在让你的故事变得精彩之前就去寻求别人的批评，因为这样往往会让一个好故事被扼杀在摇篮里。讲故事是个人的事情，只要你用心去讲，总是能将你的人情味展现出来的。

在这样的情况下，反馈就不会让人难以接受了，即使它仍然带着批评的味道。但是你仍然需要勇气去寻求别人的意见，因为这样可以让你的故事更加精彩，并使之继续发展下去。所以，接受合适的反馈还是非常必要的。比如下面这几个故事。

据《大戴礼记》记载：

> 战国时期的一天，孟子的妻子独自待在屋里，孟子从外面突然闯进来，瞧见她姿势不雅，顿时无名火起，立即跑到母亲面前告状。他说："老婆对我无礼，我今天非把她赶出家门不可！"
>
> 孟母问："究竟出了什么事，惹得你要休妻呀？"孟子答道："刚才她蹲在屋里，那姿态真叫难看，这是对我无礼，妻子不尊重丈夫，我必须休了她！"孟母听了这话有点蹊跷，继续追问道："你说说，你是怎么发现她蹲在屋里的？"孟子蛮有理由地回答："这都是我亲眼所见，我刚才一推门……"
>
> "别说了，我听明白了。"孟母问明了情况，大声斥责儿子说，"这分明是你无礼，不是你妻子无礼！"孟子有些茫然，他不服气。孟母接着解释："不是有这样几句俗话吗？'将入门，问孰存；将上堂，声必扬；将入户，视必下。'不管是进谁的门，都要事先敲一下门，或者大声地咳嗽一声，好叫人家知道有人来了。不能乘人不备，来个突然闯入，这是常人都懂得的礼貌规矩。可你倒好，到

你妻子的燕私之处，进门前不敲门，不声不响地往里闯，见了你妻子蹲着，你得赶紧先退出去一会儿，你却还在看，这叫你妻子怎么办？这不正是你无礼吗？怎么能说是你妻子无礼呢？”

孟子没有想到，母亲恰恰从同一件事情得出了相反的结论。批评虽很尖锐，但是句句有根有据，于是孟子赶紧认错。

有一次，爱德华·史丹顿称林肯是“一个笨蛋”。史丹顿之所以生气，是因为林肯干涉了史丹顿的业务。

有一次，为了取悦一个很自私的政客，林肯签发了一项命令，调动了某些军队。史丹顿不仅拒绝执行林肯的命令，而且大骂林肯签发这种命令是愚蠢的行为。结果怎么样呢？当林肯听到史丹顿说的话之后，他很平静地回答：“如果史丹顿说我是个笨蛋，那我一定就是个笨蛋，因为他几乎从来没有出过错。我得亲自过去看一看。”

林肯果然去见史丹顿，他知道自己签发了错误的命令，于是收回了成命。只要是诚意的批评，是以事实为根据而有建设性的批评，林肯都非常欢迎。这也正是林肯能够成为伟大的总统的原因之一。

无论是孟子还是林肯，他们都能虚心接受别人的反馈。但是他们所接受的都是一些具有建设性的意见，能够对自己的生活和事业起到帮助的建议。所以，我们在讲故事的时候也要注意这一点，要把别人正确的意见纳入到自己的故事当中，这样才会让自己的故事符合更多人的需求。那我们应该如何掌握接受反馈的技巧呢？如何成为一个好的反馈接受者呢？

一、倾听。接受别人的反馈，最重要的就是养成倾听的习惯，不要打断对方的说话，这样才能让提出意见的人尽情地展示自己的想法，以便我们从中了解到更多的情况。在对方提出建议的过程中，如果打断别人的话，就会打断别人的思路，会让对方意识到某些语言可能侵犯了你，就会将想要说的话隐藏起来。对方也就不会真诚地和你进行交流，那么你所得到的意见也就没有多大价值。

二、提出问题。在倾听的时候，也不能总是被动。而是要在适当的时候提出自己的问题,在提出问题的时候也要注意按照对方的思路进行。提问其实也是为了得到某种信息，在倾听的总目标之下，将对方的话题引入到自己所需要的范围之内。

三、总结接收到的反馈信息，认真理解。在对方提出意见之后，作为接收反馈的一方，应该将反馈信息重新梳理一遍，从中提取对自己的故事起到良好作用的重要信息。

讲故事是一门艺术，要让故事变得更加完美就是一门技巧了，而其中最重要的技巧就是要正确地接受别人对于故事的反馈。

讲故事之前先注意倾听

每个人都会有自己的想法，因此每个人对于故事的要求也是不一样的，要想故事卖得好，就要充分了解听众的需求。而了解一个人需求的最好办法就是学会倾听，这样你才能充分了解到对方的需求，才能讲出令人满意的故事。

每个人都长着一张嘴巴、两只耳朵，所以说，不仅要会讲，更要学会听。如果我们只是一味地去讲，却并不知道自己讲的故事人家愿不愿意听，那么我们的故事就会渐渐地失去吸引力，听众也就会慢慢地减少。因此，要想达到讲故事的最高境界，就要把“讲”和“听”结合起来，要“嘴巴”和“耳朵”共用。

古希腊有句谚语说：“聪明的人，借助经验说话；更聪明的人，借助经验不说话。”这句谚语正说明了倾听的重要性，倾听不仅是对别人的一种尊重，还会让你说出的话更加打动人心，更加满足人的需求，还能避免造成对别人的感情伤害。

美国著名主持人林克莱特有一天采访一位小朋友，他问这位小朋友：“你长大了想要干什么呀？”小朋友天真地回答：“我要当一名飞机驾驶员！”林克莱特接着问道：“如果有一天，你的飞机飞到了太平洋上空，所有的引擎都熄火了，你会怎么办？”小朋友想了一会儿说：“我会告诉飞机上的人绑好安全带，然后我会挂上我的降落伞，先跳下去。”现场的观众在听到这句话之后都笑得前仰后合，只有林克莱特仍然注视着这个孩子，等待着他继续说下去。出人意料的是，这个孩子两行热泪夺眶而出，这让林克莱特意识到孩子的悲悯之情远非笔墨所能形容。于是林克莱特接着问：“为什么要这么做？”小孩子回答：“我要去拿燃料啊，我还要回来，我还要回来。”这样的回答透出了孩子的真挚想法。林克莱特和观众的最大区别就是他让孩子把话说完了，用一分亲切、一分平和、一分耐心听到了孩子最善良、最纯真、最清澈的心声，了解到孩子最真实的想法，没有给孩子造成心灵上的伤害，没有打击到他美好的愿望，仍然让他保持了对梦想的纯真想法。由此我们可以看出，学会倾听是多么重要的一件事情。

同样的道理，讲故事时我们也要学会倾听，这样才能“对症下药”，让故事发挥出更好的作用。卖故事的高手都是深知这个道理的。

乔·吉拉德，世界上最伟大的销售员，同样也是一位卖故事的高手，他用故事为自己创造了一个传奇的人生。但是，他并不是一开始就是一位卖故事的高手，他也是经历了无数次的失败，才渐渐地体会到了卖故事的重要性。

有一次，乔·吉拉德和客户的谈判进行得非常顺利，正准备签合同的时候，对方却突然变卦。这令乔·吉拉德非常不解，做事非常认真的他决定亲自去向客户问个明白。于是，当天晚上，他就去了客户家里，当客户看到满脸真诚的吉拉德，就和他说了实话。原因是吉拉德没有听到客户真正的内心需求。客户对他说："在签字之前，我提到了我的儿子即将进入密西根大学就读，我还和你提到了他的运动成绩和将来的抱负，我为他感到骄傲，但是你根本就没有对此做出任何反应，仍然在谈合同的事情。"吉拉德对这件事情毫无印象，因为他当时只是着急让客户尽快下单，根本没有注意倾听客户所说的这些话。因为没有注意倾听，吉拉德失去了一位很重要的客户。

在经过这次教训之后，吉拉德明白了了解消费者的心理需求是非常重要的一件事情。因此，在之后的每一次销售过程中，他都会认真地去倾听客户所说的每一句话。因此，他的故事也总能够恰到好处地击中客户的内心，他们每一次的心理需求也会得到最大的满足。而乔·吉拉德也因为这样的故事赢得了"世界上最伟大的销售员"的称号。

注意倾听，能更好地帮助你的故事抓住消费者的心理需求，从而让你的故事发挥出更大的作用。尤其是在职场当中，学会倾听对于企业家来说是非常重要的。一个成功的企业家，不仅是一位优秀的故事讲述者，在大多数情况下，更是一位优秀的倾听者。

李女士是一家公司的财务经理，她对于财务并不是很熟悉，却能深得人心，人们对她的评价也都非常好。那么她能让人信任的原因是什么呢？其实，原因非常简单，那就是她懂得说话的技巧，她的话不多，但说出来的每句话都能让人心服口服。她能够做到这样，也是建立在倾听基础之上的。无论执行者问她什么，她总是回答说："你认为应该如何做呢？"这就给了执行者一个表达自己想法的机会，同时也会给予他们信心和力量。当执行者提出各种各样的方案的时候，在多数情况下，她都会点头表示赞许。最后，执行者总是会得到一个满意的答复，都会对她产生一种钦佩之情。

用心倾听能够更好地了解别人，读懂别人的心思。只有抓住了别人的心，才能讲述一个更加完善且意义非凡的故事。但是能够做到真正用心倾听是非常不容易的，我们应该在倾听的过程中注意哪些问题呢？

第一，真诚。人与人之间的交流是建立在心与心沟通的基础上的，而心灵之间的沟通则需要真诚来连接。真诚地对待别人，才能更好地走进对方的心灵，才能让对方敞开心扉地向你倾诉，你也才能获得更多的信息。

第二，要保持平等、谦虚的心态。在交流的过程中一定要有一个平等的心态，这样会让交流有一个愉快的氛围，能够让双方没有任何负担地去交流。你尊重别人了，才能够获得别人的尊重；如果总是一副高高在上的姿态，就会引起对方的反感，那还怎么谈倾听呢？

第三，要有足够的耐心。在倾听的过程中，耐心是最重要的，要全神贯注地听别人讲话，不要总是急于表达自己的观点。一定要让对方将自己的意见清晰完整地表达出来，这样你才能很好地理解别人所要表达的意思。不打断别人的说话就是对别人最好的一种尊重。

第四，在听完别人的倾诉之后，不要轻易下结论。要先给自己一个充足的思考时间，这样才能更好地判断对方的心理需求，要仔细琢磨对方所要表达的意思，一定要注意对方的言外之意。只有充分了解对方的情绪，体会对方的喜怒哀乐，才能让对方产生好感。

总之，倾听是一门技术活儿，为了让自己的故事产生更好的影响力，我们不仅要锻炼自己的口才，激发自己想象的思维，同时还要静下心来去倾听。只有这样，我们才能达到卖故事的最高境界。

如何抓住人们的眼球

在信息社会中，当众多的广告和故事袭来的时候，谁能够在最短的时间里吸引听众的注意，谁获得成功的概率就会比较大。因此，我们要让自己的故事更加不拘一格，更加具有创意，这样才能成功地吸引别人的眼球。

维珍创始人理查德·布兰森可谓是这一方面的高手。他是一位充满传奇色彩的亿万富翁，他以特立独行著称，他所创造出来的故事总是能很快抓住人们的眼球，进而吸引人们的全部视线，最终成为他的忠实听众。

1968年，由于膝盖受伤，布兰森只能在家休养，因此他无法参加学校的足球队。为了打发无聊的时光，布兰森用母亲给他的4英镑电话费和几个好朋友一起出版了一本名为《学生》的杂志。令他没有想到的是，这本杂志迅速走红了，并且很快就引起了校长的注意。校长在这本杂志上题词："布兰森，我向你祝贺！我预言，你小子日后不是坐牢，就是发大财！"

在这之后，布兰森的好运就接踵而来。他的好朋友约翰·列侬是甲壳虫乐队的核心人物。在他的帮助之下，布兰森采访到了甲壳虫、滚石等当红的乐队。因为有了这些独家访谈专栏，杂志的销量达到了 10 万本，让布兰森赚取了充足的积累资金，也为他日后创业打下了坚实的基础。

1970 年，布兰森用卖杂志赚取的钱在伦敦成立了一家小型的邮购公司维珍。发展到现在，它已经成为英国最大的私有企业，旗下有二百多家公司，业务涉及航空、金融、铁路、婚纱、避孕套等。维珍在英国是一个深入人心的品牌，人们对它的认知度达到了 96%。由于它的品质高、价格低，始终走在时尚的前沿，因此受到了年青一代的热烈追捧。

维珍能做到家喻户晓，在很大程度上是因为布兰森是一位创造故事的高手，维珍的很多故事都来自于布兰森。这一点，首先体现在它的品牌奥妙上。

首先，维珍做的不只是一桩生意，而是一个品牌。在布兰森的自传《失去处女之身》中，他提到，19 岁时，一本杂志的记者在访问他为什么将新公司的名字命名为“Virgin”时，他解释，因为“处女”这个名字是比较性感的，是能够让人容易产生联想并且过目不忘的。

其次，维珍不仅是一个品牌的名字，它更意味着一种生活态度：自由自在的生活方式、叛逆、开放、崇尚自由以及极度珍贵的浪漫。

可以说，维珍的品牌鲜明而富有个性。维珍的品牌符号是由布兰森手写的“Virgin”，这和传统的四平八稳的铅印字形成了鲜明的对比，当大多数消费者把维珍看成品质、价值、创新、娱乐、挑战的代名词时，他们能感受到的维珍不仅仅是航空、CD 或者是保险。维珍品牌在战略上绝不将品牌等同于某一项产品或服务，这样就为自己的跨行业发展提供了良好的基础。

独特而鲜明的品牌文化，让维珍很快就获得了人们的关注，除了这些，最吸引人们注意的还要数布兰森各种疯狂的宣传活动。

为了尽快让在印度开设的第一家公司得到人们的注意，他把自己打扮成印度王子，从孟买的高楼上一跃而下，这一跳瞬间就吸引了所有人的眼球。可想而知，这个故事造成了多大的轰动。利用节目表演必然能够博取人们一笑，吸引他们的眼球，但是要想将故事讲得好，还要将故事和自己的品牌相结合，传达出品牌的信息。2002 年，为了在美国宣传维珍，布兰森光着身子在美国的时代广场上演了一个故事。他用一部移动电话遮住了自己的下体，并宣称："我在此用实际行动来承诺，美国维珍移动不会随便变相涨价！"可以说，每一次宣传，布兰森都会做出近乎疯狂的举动，他这种疯狂的举动也是非常多的。

为了宣传维珍饮料，他就穿着一条三角短裤和美国肥皂剧的女主角合拍了广告，在广告中，他扮演蜘蛛侠从高楼上往下跳，这是非常危险的行为；为了宣传维珍手机，他和二十几个几乎全裸的模特儿一起在促销活动现场卖力地宣传；为了宣传旗下的"新娘嫁"服饰公司，他把自己的胡子剃光，穿着婚纱，被起重机从纽约的贝塔斯曼大厦吊起，降落到时代广场；为了宣传自己的公司，他在鲨鱼经常出没的地方进行飞艇滑水，在此过程中不幸遭遇了鲨鱼袭击，幸好被一位游客救下；他曾经和知名的广播节目主持人 Rosso 进行搞笑逗乐；他曾经在澳大利亚的音乐节上分发巧克力；等等。这些故事都是在布兰森亲自参与下完成的。这些举动，对于很多的企业老板来说，都是不愿意去做的，但是布兰森却做到了。因为他做到了，所以赢得了很高的关注度。他用自己的实际行动为我们讲述了一个又一个精彩的故事，他的每一次行为都能够给人们带来前所未有的刺激和精彩的画面，成功地博得了人们的眼球。

在布兰森的带领之下，维珍成了一家敢于冒险、敢于尝试的公司，这让维珍具备了无法预见和深远的影响力。布兰森亲自参与的这些故事，很好地宣传了维珍公司，同时也向人们展示了维珍人性化的一面。例如，布兰森乘坐快艇和热气球等活动就很有趣地体现了维珍的品牌价值。布兰森所讲述的一个又一个博人眼球的故事，也吸引了报纸等新闻媒体的关注，他们纷纷对其进行大篇幅的报道，这样就让维珍以一个鲜活的形象展现在受众的面前，成功地引起了受众的注意，成为维珍最忠实的听众，和维珍一起发展壮大。

布兰森除了用疯狂的举动吸引人之外，他也利用自己的形象成功地吸引了人们的目光。他被誉为全世界最引人注目的“嬉皮士资本家”。他有一头披肩的长发，总是一身休闲的装扮，玩世不恭的态度看起来更像一位摇滚明星，而非一名成功的企业家。

像说相声一样说故事

相声是一门“语言艺术”，它没有丰富的肢体动作，主要通过表演者单纯地叙述故事，但是相声总是存在着巨大的吸引力，牢牢地将观众抓住，其中的原因是什么呢?

相声发展至今，虽然在创造形式上进行了很多改变，但是因为被定义为“语言艺术”，它的根本主题是不会变的，主要是用语言来进行表演。语言在相声艺术中始终占据着重要位置，这也说明了相声艺术的独特之处。相声之所以能够凭借语言就能成为一门艺术，这主要是缘于它的叙述风格：以语言为中心，运用各种形式来讲述故事。

说相声，其实也就是在讲故事，但是要比讲故事复杂得多，毕竟我们每个人都不可能成为相声表演艺术家，也不是每个人都会说相声。但是，讲故事却是我们每个人都可以做到的事情，我们可以借鉴相声当中的一些东西。讲故事的时候，可以像说相声那样，适时地设下悬念，让观众产生追问和遐想。除此之外，相声声情并茂的表演风格也是我们要借鉴的主要方面。

在相声的领域当中，虽然每个段子都是由故事组成的，但并不需要太多的故事情节，相声注重的主要是表演形式，通过表演者的感官表演和叙事方式将故事演绎得活灵活现，通过相声的喜怒哀乐让故事更加生动形象，或赞扬，或批评，或讲述道理，都能很快引起听众的共鸣。在相声中，情节是可有可无的，也可以是模糊不清的，它仅仅起到一种辅助的作用。

我们都喜欢听时刻能感受到情节跳动的故事，而那些平铺直叙的故事是很难引起听众兴趣的，也会产生和讲大道理一样的后果，让人昏昏欲睡。

在相声当中，表演者总是很直接地就将矛盾揭露出来，从而让主题更加明显。对于听众来说，他们也不会过分追求情节的复杂和曲折，只要表演者通过有趣的形式将对问题、事件的立场、观点和意见表达出来就可以。这是需要通过表演者之间的对话来完成的，除了这种对话中产生的包袱之外，还有各种表演艺术形式的运用。

我们都知道相声讲究的是“说、学、逗、唱”，这四种艺术形式是相声在讲故事时最基本的艺术手段。“说”主要有绕口令、笑话、反正语、歇后语等具体内容，可以为讲故事起到铺垫的作用；“学”主要是模仿各种声音，包括口技、叫卖声、各种唱腔等；“逗”主要是幽默逗笑，通过抖包袱来制造笑料；“唱”在通常情况下指的是太平歌词的演唱，相声演员把它视为“本门唱”。只有将这些手段纳入到对话的范围之内才能称得上符合相声创作艺术规律，才能让相声当中的故事活灵活现地展现出来。

我们在讲故事的时候也要对这些因素进行灵活的运用，让故事听起来更加有趣，能够更好地被听众所接受。讲好一个故事，既要有灵活的语言，肢体动作也是必不可少的，毕竟单靠语言是很难让故事更加立体生动起来。

相声是有别于其他艺术形式的，它不像评书或者是其他曲艺表演，主要是表演者通过叙述的方式进行表演，它并没有大量的故事情节，是不能单纯地进行叙述的；又不像戏曲表演那样，可以扮演成剧中的人物，通过大量的肢体动作和夸张的表演来展现故事。它主要就是通过对话的形式进行表演，在这样的情况下，语言和其他的补充手段就显得尤为重要，这就需要表演者有良好的叙事能力和藏而不露的表演功夫。

同样，当我们作为故事的讲述者站在讲述中心位置的时候，我们要对自己的角色进行明确的定位，要让自己成为以话语为主要载体的表演者。

相声演员在讲故事时所运用的语言并不是单纯的叙事性语言，而是对话性语言，有时也有单口相声，但通常情况下也会一人分饰好几个角色。在表演当中，通过演员之间的对话，在“一唱一和”间将故事生动地展现给听众。虽然在对话当中，逗哏演员有相当多的叙述成分，但在表演上仍然是在和捧哏演员的对话中表现出来的。因此，逗哏演员只能以答话的形式将内容表达出来，是不能脱离对话这个环境的，否则就会让故事变得一塌糊涂，不会将故事清晰地展现给听众。这样的道理同样可以应用在讲故事当中，故事的讲述者也是不能脱离讲述环境的。

在相声表演当中，演员只是一个对话者的身份，并不是一个行动者。相声演员不是通过外在形象和形体上的动作来塑造形象，而是依靠对话来塑造故事中的人物形象，通过对话这种形式展示了各种各样的角色。相声演员“以不变应万变”的外部形象是由相声特殊的审美方式所决定的。有学者认为，相声在很大程度上是一种虚拟的表演形式，他们的表演只是自我表演的一种形式。他们的形体动作也只是为了能够让对话更加形象、生动而采取的一种辅助手段，这些动作都是无关紧要的，至少不会像在戏剧当中那样重要。

但是，我们在讲故事的时候，就要根据实际情况来决定是以语言为主还是以肢体动作为主，要根据故事内容和讲述的环境来灵活运用。

通过仔细观察我们就会发现，在相声表演当中，总是会不断地制造出叙述矛盾，这就是它的一大特点。我们讲故事也是一样的，矛盾和看似两难的抉择能很好地吸引听众的注意力，并让他们的注意力随着讲述者的思维不断跃进。下面这个故事就很好地说明了这一点。

西班牙的皇后手中掌握着权力和财富，这两样东西为其吸引了大批想要寻求支持的人，他们手中拿着项目来寻求皇后的支持。皇后就要在这些人中找到最有价值的投资项目。在这个时候，一位名叫哥伦布的航海家找到皇后，他有一个异想天开的想法：他想要证明地球是圆的。他认为如果从西班牙一直往西航行，就会开辟出一条通往亚洲的通商捷径。

这个时候就会产生这样的问题：这个冒险能否带来丰厚的回报，这是不能确定的。首先，巨额的资金投入能否带来回报这是一个不确定因素；其次，没有人能保证哥伦布说的是真的，没有人能保证地球就是圆的；再者，就算地球真的是圆的，谁又能保证在凶险的海上能够成功地将货物运回？能否平安回来也是一个值得考虑的问题。

因为存在这样诸多的问题，哥伦布的航海计划遭到了葡萄牙皇帝和西班牙委员会的拒绝，于是他就把目标转向了皇后。如果你是这位皇后，你会怎么做呢？是拒绝他，还是尽全力地帮助他，或者只是给予小部分的帮助呢？

这个时候我们就要分析一下各种做法的后果了。

（1）直接拒绝。因为这次冒险的旅程需要大笔的资金投入，而取得成功的概率又非常小，没有人觉得他能取得成功。虽然哥伦布的故事讲得很好，但是如果将地球是圆的和能够实现的目标这两件事的可能性结合在一起，就会降低他计划成功的可能性。两件事情都发生的概率是远远低于一件事情可能发生的概率的。就算他真的证明地球是圆的，他也不能保证通过和亚洲国家的通商就能获得高额的收益。拒绝他的皇帝和西班牙委员肯定是深知这一原因才拒绝他的。

（2）全力支持他。虽然你因为支持他的航行，不得不卖掉现有的祖传珠宝，你也知道这是一次很大的赌博，需要承担很大风险，但是，你仍然相信这是一次潜在的具有巨大收益的投资，它是值得你去冒这个险的。这次投资的收益远超出你的祖传珠宝所能带来的边际收益，那么这次投资失败的风险就会变小。除了这两个原因之外，还有一个重要的原因，就是你要赶在对手之前发现通往亚洲的捷径。

（3）给予小部分的支持，即拿出只能够支持一条航线的资金。不过，以现在的眼光来看，做这种风险投资，投入一便士和投入一英镑是同样的道理。因为一个保留51%资金的投资者和一个保留49%资金的投资者相比较，只是多保留了很少的资金，但是可以获得控制权。如果你决定以小投资者的身份加入，你就需要提前协商好关于利益的分配问题，你能拿到多少收益，从而来决定这样的投资是否是值得。除此之外，如果你作为哥伦布航海的唯一支持者，他就只能开着一艘船去证明地球是圆的了，这样就增加了航行的风险。在通常情况下，一次航行都需要几艘船同时进行，如果其中的一艘船不幸遇难，其他的船还是可以继续前行的，不会因此中断旅行计划。

在真实情况当中，伊莎贝拉皇后最后选择了支持哥伦布的航行。而哥伦布也没有让她失望，他发现了通往亚洲新的通商捷径，还意外地发现了美洲大陆，美洲大陆的发现证明伊莎贝拉皇后的决策是正确的。

这是一个家喻户晓的真实故事，但并不是所有的人都能将它讲述得一波三折，也许有的人只能将它讲述成一个平淡的故事。但是，通过说相声的方式，在故事中制造悬念、制造矛盾，就会产生不一样的效果。

因此，我们在故事中制造矛盾的时候，不是简单地让故事中的人物争吵，而是要让他们面临选择。这样，才能更好地将听众的注意力吸引过来，让他们的情绪随着故事的发展而跌宕起伏。